Pierre Hermé 寫給你的
維也納麵包書

大境文化

Introduction

La viennoiserie est vraiment « l'âme » du savoir-faire du pâtissier. Pétrir, façonner, cuire la pâte… demandent une véritable sensibilité. Il faut « vivre » la pâte. Cela exige beaucoup de patience et d'attention pour apprendre à ressentir les différents états de la pâte. Cela fait également appel à tous nos sens. D'abord le toucher, car les différents états de la consistance de la pâte ont une grande importance : une pâte trop pétrie va chauffer, ainsi la levure perdra son goût de façon prématurée. Ensuite l'œil, car on peut regarder la pâte monter, dorer, gonfler pendant la cuisson. Et bien sûr, l'odeur. La cuisson de la viennoiserie est emblématique de la pâtisserie. Enfant, chaque matin, ce sont ces odeurs merveilleuses de croissants, de kugelhopfs qui me tiraient du sommeil.

利用五感
完成維也納麵包

維也納麵包不愧是成為糕點師主要技巧「精髓」之品項。紮實地揉和麵團、整型爾後烘焙，必需兼具追求正統與感性。而最重要的就是要「體驗」麵團。為了能確實掌握各種麵團的狀態，最不可或缺的要有相當的耐力及專注力，利用五感的體會也非常必要。

因此，是先由觸覺開始作用。麵團不同的沾黏程度各具其重要性，一旦麵團過度揉和時，會因熱度而導致酵母的風味迅速流失。其次使用的是視覺，因為必須在烘烤過程中，觀察麵團的延展及其膨脹呈金黃色澤的狀態。

再者，自不待言，就是關鍵性的嗅覺。散發維也納麵包香氣的麵包坊，更能強調其製作的產品。回想起來，小時候每天早晨，都是在可頌及庫克洛夫令人心蕩神馳的香氣中醒過來的。

sommaire

製作維也納麵包之前

■ 關於分量

維也納麵包與糕點不同,很難製作少量成品。另外,也很難僅製作需要的量。或許其中有些部分會感覺到分量略多,但建議還是請以標示的分量來製作。可以利用相同的基本麵團進行變化、也有些麵團可以冷凍保存,請試著多下點工夫吧。

■ 關於烤焙

烤箱的烘烤時間、烤箱內溫度,會依烤箱的種類而多少略有差異。食譜的溫度及時間是參考標準,請邊視烘烤程度狀況邊進行調整。烘焙,請以是否產生稱之為黃金色的烘烤色澤,以及敲打時 KON-KON 的乾燥聲音來判斷。烤焙不足,麵團略生時,產生的會是鈍重的聲音。

■ 關於發酵

發酵的判斷

製作美味的維也納麵包時,麵團發酵的分辨判斷非常重要。發酵大致可分為材料混拌後及烘烤前(並非全部如此)。無論何者皆以膨脹 1.5 倍為標準。此外,緊實堅硬的麵團變得柔軟鬆弛也是判斷的標準。發酵不足即進入烘烤,會烘焙出沈重的成品,反之過度發酵,又會損及風味及外形。請特別注意不要過度發酵。

發酵場所

麵團的發酵,分為常溫下進行及冷藏進行。常溫進行時,溫度較低會較花時間,因此本書當中是以「房間的溫暖處」來標示。但溫度過高時會導致奶油的融化流出,所以務請多加注意。適當溫度的標準是 22 ～ 27℃。

防止麵團的乾燥

麵團絕對必須避免產生乾燥。混拌材料後進行發酵時,可以覆蓋上擰乾的濕布巾或保鮮膜。烘烤前進行的最後發酵,則更需要留意。覺得麵團乾燥時,可施以水霧噴灑。在乾燥房間內,則建議使用加濕器。

在閱讀本書前請先瀏覽

🌾 糕點名稱下標示的可頌數量,表示的是製作的難易程度。1 個是初級、2 個是中級、3 個以上是高級。此外,相較之前出版的「Pierre Hermé 寫給你的法式點心書」、以及之後將出版的「Pierre Hermé 寫給你的巧克力書」,本書即使是相同程度標示,其難度也更高。

🌾 「工具」的項目,標示出製作維也納麵包時,必須使用到的調理機具及工具。其中有部分即使沒有也能製作,但標示的是建議採用的工具。此外,像刀子或砧板等,家庭中即已具備的工具則省略不提。

🌾 至分割作業為止,材料及步驟具共通的部分,於"基本麵團"中介紹。像是「皮力歐許麵團(P.6)」、「二次冷藏發酵皮力歐許麵團(P.26)」、「可頌麵團(P.52)」、「千層麵團(P.70)」。

🌾 "手粉"使用的是高筋麵粉。材料表當中並無標記,請另行準備。過度使用手粉會導致麵團變硬,所以請儘量抑制用量。

🌾 使用磨削的柳橙、檸檬皮泥、糖漬時,請使用有機栽植且表皮無上蠟者。

🌾 本書中所介紹的維也納麵包,完成時必須冷藏者,請儘早食用。

sommaire

皮力歐許麵團
Pâte à brioche

使用此基本麵團的維也納麵包

材料（麵團約1000g）

 高筋麵粉　180g

 法國麵包用粉　180g

 細砂糖　54g

 新鮮酵母　10g

 全蛋　235g

 鹽（鹽之花 fleur de sel）9g

 無鹽奶油　325g

1 混拌

混合完成過篩的高筋麵粉、法國麵包用粉，有距離地將細砂糖和剝散的新鮮酵母，放入攪拌缽盆中。

2

加入2/3用量的雞蛋，放入用裝有勾狀攪拌棒的攪拌機以中速攪打揉和。為避免麵團溫度升高地先將雞蛋冷藏備用。

3

加入雞蛋混拌至水分完全消失，之後將其餘雞蛋逐次少量地加入。

4

整體均勻混拌，過程中需幾度停止攪拌，刮落沾黏在缽盆及勾狀攪拌棒上的麵團。

5

在進行揉和作業的同時，以擀麵棍敲打30分鐘前由冷藏中取出放置的奶油，使其柔軟。使整體呈現均勻的硬度且維持冰冷狀態。

6

邊加入雞蛋邊繼續揉和。

7

在開始進行揉和的階段，麵團如左側照片般呈斑駁不均且無法延展，但漸漸地會如右側照片般呈滑順且能延展成薄膜狀，並開始產生彈性。

8

整合麵團，當麵團不再沾黏至缽盆時，加入食鹽並加以揉和。

9

當麵團可如照片般延展，可以形成平整的薄膜時，麵團就已經是良好的完成狀態了。

< 保存於冷藏室次日烘焙的情況 >

10

當麵團成為9的狀態後，再次攪拌至麵團不再沾黏至缽盆為止。再加入奶油，最後使用刮板由底部朝上地舀起般翻拌數次。

11

12

在常溫下發酵

將麵團放入撒有手粉的大缽盆內整合成團。避免麵團乾燥地覆蓋濕布巾或保鮮膜，放置於房間內溫暖處(27℃)使其發酵，膨脹至1.5～2倍。

13

發酵後的麵團。麵團整體漲大一圈，麵團呈鬆弛且柔軟的狀態。

14

排氣

握拳以拳頭按壓，使其排氣。

15

於冷藏室內發酵

表面整合成光滑狀的麵團接合面朝下地放置，覆蓋上濕布巾或保鮮膜，放入冷藏室使其發酵，膨脹至1.5～2倍。

16

排氣

發酵後的麵團(照片上)。與13相同地麵團漲大一圈並且變得柔軟。由缽盆中取出麵團至工作檯上，以手掌按壓整體麵團使其排氣。

17 進入各種維也納麵包的製作，**分割、滾圓、整型、最後發酵、烤焙、裝飾**等步驟。

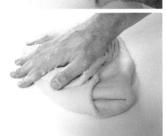

進行分割或是不分割地在此階段即放入冷藏室靜置，次日才開始進行後續作業(分割～烘烤)。此時，步驟16之後，如上方照片般由身體方向向外，外側向內各疊成三折疊，接著左右亦同樣折入後進行排氣，麵團接合處朝下地放回缽盆中，覆蓋上濕布巾或保鮮膜，放入冷藏靜置至膨脹成1.5倍時，再次進行排氣作業。「糖薑葡萄乾皮力歐許」般整型時需要擀壓麵團的製作，則於前一晚放入冷藏靜置會更方便進行。

< 保存於冷凍室時 >

在步驟16之後，如上方照片般進行排氣作業後，也可立即放入冷凍室，以冷凍保存。避免提高麵團溫度非常重要，因此由冷藏室取出後必須儘速進行作業並放入冷凍。約可保存7～10天左右，於冷藏室內解凍後使用。

mémo

■ 有距離地分開放入酵母和砂糖才開始進行混拌作業，是為了延遲發酵。酵母以砂糖作為養分而產生氣體。過度發酵時，會使砂糖用量較少的皮力歐許滋味及風味因而消失。此外，酵母的力量也會因而減弱，最終導致無法膨脹。

■ 混合材料揉和時，過度混拌麵團溫度會過度升高，因此為避免溫度超過25℃，請注意不要過度混拌。雞蛋務必冷藏備用。

■ 為避免過度發酵，當發酵過程中，麵團膨脹至大約發酵前的1.5～2倍時，就必須進行排氣作業，以避免其過度膨脹。

■ 以手揉和時，請參照第26頁「二次冷藏發酵皮力歐許麵團」的步驟1～10。

慕斯林皮力歐許
Brioche mousseline

材料

• 皮力歐許麵團

（每1個使用麵團200g，約5個的用量。製作方法請合併參照第6頁）

 高筋麵粉　180g

 法國麵包用粉　180g

 細砂糖　54g

 新鮮酵母　10g

 全蛋　235g

 鹽（鹽之花）　9g

 無鹽奶油　325g

 刷塗用蛋液（dorure）（※）少量

※ 刷塗用蛋液（dorure）
全蛋200g、蛋黃100g、細砂糖10g、鹽3g 混合而成。用全蛋打散的蛋液也 OK。

工具

 攪拌機

 擀麵棍

 缽盆

 刮板

 高型圓筒罐（照片中是直徑10cm·高14cm 的罐子）

 烤盤紙

 毛刷

 烤箱

a

b

c

d

f

e

g

作法

1　與第6頁「皮力歐許麵團」1 ～ 16相同步驟地製作麵團。

2　準備高型圓筒罐，在罐內周邊及底部鋪放烤盤紙。

3　利用刮板或刀子等將1的麵團切分成200g大小，以手壓平使其排出氣體(a)。從麵團周圍朝中心折入整型成圓形(b)，彷彿將麵團朝下延展般地在工作檯上轉動，滾動成表面平整的圓形(c)。若有麵團沾黏在工作檯上不易滾動時，可以薄薄撒放手粉。

4　將2放入罐內(d)，使底部沒有間隙地確實填裝(e)。放置在房間內溫暖處，使其發酵膨脹成1.5 ～ 2倍。

5　當麵團膨脹漲大一圈並鬆弛後(f)，在表面塗上刷塗用蛋液。排放在烤盤上，送入以180℃預熱的烤箱中，烘烤約20分鐘，再改以165℃烘烤約10分鐘。完成烘烤後，從罐中取出(g)，置於網架上放涼。

Brioche mousseline
慕斯林皮力歐許

皮力歐許麵團放入高的模型來製作，
就能烘烤出具有味道豐富的大量柔軟內側。
如此圓融柔和的滋味，真是天下絕品。

保斯寶克
Bostock

材料

• 皮力歐許麵團
（約是慕斯林皮力歐許5個的用量）

 高筋麵粉　180g

 法國麵包用粉　180g

 細砂糖　54g

 新鮮酵母　10g

 全蛋　235g

 鹽（鹽之花）　9g

 無鹽奶油　325g

• 糖漿

 礦泉水　250g

 細砂糖　375g

 杏仁粉　33g

 橙花水（食用）　6g

 杏仁奶油餡（Crème d'amande）（請參照第18頁）每個保斯寶克約30g

 杏仁片　適量

工具

 攪拌機　　 攪拌器

 擀麵棍　　 方型淺盤

 缽盆　　 網架

 刮板　　 圓形擠花嘴和擠花袋

 毛刷　　 濾網（strainer）

 高型圓筒罐（照片中是直徑10cm・高14cm的罐子）

 烤盤紙

 烤箱

 鍋子

糖漿

a

b

c

完成

d

e

f

g

h

i

j

作法

<皮力歐許麵團>

1　製作「保斯寶克」前一天先烘烤好第8頁的「慕斯林皮力歐許」備用。

<糖漿>

1　在鍋內混合礦泉水和細砂糖，煮至沸騰（a）。

2　沸騰後加入杏仁粉（b），以攪拌器混拌。

3　混拌後熄火，加入橙花水（c），混合拌勻。

<完成>

1　薄薄地切除慕斯林皮力歐許的底部，其餘則切成1.5～2cm厚的薄片（d）。

2　將1放入50～60℃的糖漿中，翻面使其兩面浸透（e），瀝乾糖漿（f），排放在方型淺盤或舖有烤盤紙的網架上。

3　將杏仁奶油餡放入裝有圓形擠花嘴的擠花袋內，在2的表面由外側朝中央處薄薄絞擠（g）。

4　將杏仁片攤放在方型淺盤或烤盤紙上，將3擠有奶油餡的表面朝下放置以沾裹杏仁片（h）。將露出在材料邊緣外的杏仁片推入中央。

5　排放在舖有烤盤紙的烤盤上（i），放入以170℃預熱的烤箱中，烘烤約10分鐘。

6　完成烘烤時，由烤箱中取出，放涼後以濾網等篩撒上糖粉（j）。

mémo

■ 皮力歐許切成1.5～2cm左右的厚度，是與杏仁奶油餡最協調的美味。

Bostock
保斯竇克

滲入了杏仁糖漿和橙花水的皮力歐許，
擺放上杏仁奶油餡，
雖然是微苦的杏仁，
在芳香橙花水的烘托提引下美味越發鮮明。

拿鐵魯皮力歐許
Brioche Nanterre

材料

• 皮力歐許麵團

（1條使用麵團65g x 5個，約3
條的用量。製作方法請合併參
照第6頁）

 高筋麵粉　180g

 法國麵包用粉　180g

 細砂糖　54g

 新鮮酵母　10g

 全蛋　235g

 鹽（鹽之花）　9g

 無鹽奶油　325g

 刷塗用蛋液（請參
考第8頁）

工具

 攪拌機

 擀麵棍

 缽盆

 刮板

 磅蛋糕模（18cm x
8.5cm・高5.5cm）

 毛刷

 剪刀

 烤箱

a

b

c

d

e

f

g

h

i

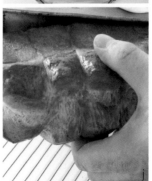

j

作法

1 與第6頁「皮力歐許麵團」1～
16相同步驟地製作麵團。

2 將1的基本麵團緩慢地滾圓
後，輕輕地在工作檯上滾
動使其成為粗細均勻的棒
狀，以刮板或刀子等分割成
65g。

3 在工作檯上用手掌彷彿延展
麵團下側般地滾動，使其表
面呈平滑狀態地滾圓（a）。
當麵團沾黏在工作檯上不易
滾動時，可以薄薄地撒放
手粉。待完成滾圓作業後
（b），再滾動地將其整型成
橢圓柱型（c）。

4 將5個橢圓柱型的麵團緊
密地放入薄薄刷塗奶油（用
量外）的磅蛋糕模型中（d、
e）。放置在房間內溫暖處，
使其發酵膨脹成1.5～2倍。

5 當麵團膨脹漲大一圈並鬆弛
後（f），用毛刷在表面輕柔
地刷上刷塗用蛋液（g）。用
剪刀在每個麵團中央處剪切
出切口（h、i）。

6 放入以180℃預熱的烤箱
中，烘烤約25分鐘。完成
烘烤後，脫模（j），置於網
架上放涼。

Brioche Nanterre
拿鐵魯皮力歐許

典型的傳統皮力歐許，
請厚厚地切片並塗上奶油，充分烤焙後享用。

Kouglof

庫克洛夫

添加了葡萄乾的皮力歐許。
在亞爾薩斯地區被稱為「咕咕霍夫 kugelhopf」，
習慣在週日早晨食用，
待其漸漸冷卻是非常重要的步驟，
所以都會在前一夜前烘烤完成。

Brioche suisse aux raisins et au gingembre
糖薑葡萄乾皮力歐許

加入了葡萄乾和糖漬生薑的皮力歐許，
與糖漬生薑剎那間刺激邂逅，
共譜出幸福的美味。

庫克洛夫
Kouglof

材料

- 皮力歐許麵團

（每1個約使用麵團55g，約18個的用量。製作方法請合併參照第6頁）

 高筋麵粉　180g

 法國麵包用粉　180g

 細砂糖　54g

 新鮮酵母　10g

 全蛋　235g

 鹽（鹽之花）　9g

 無鹽奶油　325g

 黃金葡萄乾　160g

 蘭姆酒　30g

 杏仁片　適量

- 糖漿

（約18個的用量）

 礦泉水　200g

 細砂糖　300g

 杏仁粉　25g

 橙花水（食用）　7g

 清澄奶油（※）　適量

細砂糖　適量

工具

 攪拌機

 擀麵棍

 缽盆

 刮板

 小型庫克洛夫模（直徑8cm・高5cm）

 鍋子

 攪拌器

 烤箱

 網架

 方型淺盤

※ 清澄奶油 Clarified Butter
融化必要用量1.5倍的無鹽奶油，稍加放置分離後的上方黃色清澄液體。僅使用上方清澄奶油液，較不容易產生劣化。

a

b

c

d

e

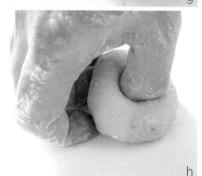

作法

1 黃金葡萄乾先用蘭姆酒浸漬一整夜。

2 與第6頁「皮力歐許麵團」1～16相同步驟地製作麵團。

3 在直徑8cm・高5cm的庫克洛夫模(小)中薄薄地刷塗奶油(用量外)，底部舖放以160℃烘烤約10分鐘的杏仁片(a)。

4 將2的基本麵團邊撒上手粉，邊以擀麵棍薄薄地擀壓成橫向的長方形(b)。

5 在4的麵團靠近身體部分，略留空白地散放上1的葡萄乾(c)。

6 由外側朝身體方向緩慢地捲起(d)，完成包捲後靜置約5分鐘。

7 用刮刀或刀子分割成65g(e)。

8 像要包捲住葡萄乾般地將麵團朝下延展地整型成圓形(f)，麵團接合處朝下地在工作檯上用手掌滾動麵團，使其表面成為平滑狀地進行滾圓(g)。

9 中央處以姆指按壓出孔洞，使其形成像甜甜圈的形狀(h、i)。

10 放入3的庫克洛夫模(j)，放置於房間內溫暖處，使其發酵膨脹至1.5～2倍。

11 當麵團膨脹漲大一圈並鬆弛後(k)，置於烤盤上，放入以180℃預熱的烤箱中，烘烤約20分鐘。

12 製作糖漿。以第16頁的材料，與第10頁「保斯賽克」的＜糖漿＞同樣方法進行製作。

13 完成烘烤後，脫模，趁熱沾裹上12的60℃左右的糖漿(l)，取出置於下方墊有方型淺盤的網架上。接著沾裹上清澄奶油(m)，再沾裹細砂糖(n)。

糖薑葡萄乾皮力歐許
Brioche Suisse aux raisins et au gingembre

材料

• 皮力歐許麵團
（使用麵團600g，以此分量製作2個。製作方法請合併參照第6頁）

 高筋麵粉　180g

 法國麵包用粉　180g

 細砂糖　54g

 新鮮酵母　10g

 全蛋　235g

 鹽（鹽之花）　9g

 無鹽奶油　325g

• 杏仁奶油餡
（600g 麵團使用135g）

 無鹽奶油　60g

 糖粉　60g

 杏仁粉　60g

 全蛋　35g

 卡士達粉（poudre à crème）（或玉米澱粉）　6g

 卡士達奶油餡（Crème pâtissière）（請參照第34頁）70g

 蘭姆酒　6g

• 糖漬生薑
（600g 麵團使用65g）

 生薑（切成5mm方塊狀）60g

 礦泉水　100g

 細砂糖　50g

 黃金葡萄乾（相對於600g 麵團之用量）120g

 刷塗用蛋液（請參照第8頁）　適量

• 覆面糖霜（glace a l'eau）
（適量使用）

 糖粉　250g

 礦泉水　50g

 杏仁片　適量

工具

 攪拌機

 擀麵棍

 缽盆

 刮板

 攪拌器

 鍋子

 抹刀

 圓形模（直徑18cm，高4cm）

 毛刷

烤箱

杏仁奶油餡

a

b

c

d

e

f

糖漬生薑

g

h

皮力歐許麵團

i

j

k

完成

作法

<皮力歐許麵團>（基本的麵團製作）

1 與第6頁「皮力歐許麵團」1〜16相同步驟地製作麵團。

<杏仁奶油餡>

1 將放置於常溫下呈乳霜狀的奶油放入缽盆中，加入糖粉（a）。

2 接著放入杏仁粉，以攪拌器充分混拌均勻（b）。

3 待全體混拌後加入全蛋（c），充分混拌使其確實乳化。

4 待全體呈滑順狀態後加入卡士達粉（d）混拌，再加入蘭姆酒和卡士達奶油餡混合拌勻（e）。（f）是混拌完成時的狀態。

5 移至容器，以保鮮膜確實貼合表面地放入冷藏保存。

<糖漬生薑>

1 生薑去皮切成5mm的方塊。

2 在鍋中加入礦泉水和細砂糖混拌，以攪拌器邊混拌邊加熱。

3 沸騰後加入1的生薑，使用鋁箔紙等作為落蓋，以小火加熱1小時30分鐘。（h）是完成時的狀態。

<皮力歐許麵團>（分割〜烘烤）

1 由<皮力歐許麵團>的基本麵團中取出600g。由600g中分取出50gx2個，其餘的500g麵團邊薄薄地撒上手粉，邊擀壓成橫向較長的長方形（i）。

2 麵團靠近身體方向預留約1cm，其餘地使用抹刀推開鋪上135g的杏仁奶油餡（j）。

3 同樣地在身體前方預留空間地撒放120g的葡萄乾，再放上瀝乾糖漿，用水沖洗擦乾的糖漬生薑65g（k）。

4 由外側朝身體方向捲起（l）。

5 將1分取出的50g麵團，各別用擀麵棍薄薄地擀壓成直徑18cm的圓形（m）。鋪放至薄薄地塗有奶油（用量外），直徑18cm・高4cm的圓型模內（n）。

6 將4的麵團分切成寬3cm左右的14等分（o），每個模型內排放7個可以看到渦旋切面的麵團（p）。放置於房間內溫暖處使其發酵，膨脹至1.5〜2倍。

7 麵團整體漲大一圈並鬆弛後，用毛刷在表面刷上刷塗用蛋液（q）。

8 放入以180℃預熱的烤箱中，烘烤約20分鐘，轉為160℃再烘烤15分鐘。

<完成>

1 製作覆面糖霜。在糖粉中加入礦泉水（r），以攪拌器混拌（s）。

2 皮力歐許烘烤完成後脫膜，放置於網架上，趁熱時用毛刷塗抹上常溫的覆面糖霜（t）。再裝飾上以160℃的烤箱，約烘烤10分鐘左右的杏仁片（u）。

Nid d'abeille Ispahan
伊斯巴翁皮力歐許

滿溢著玫瑰香氣的荔枝蜂蜜，
搭配焦糖杏仁片及片狀覆盆子，
恰如其分地點綴於鬆軟金黃的皮力歐許表面。

Brioche aux pralines
糖杏仁皮力歐許

膨鬆柔軟的皮力歐許，
與具有咀嚼口感的糖杏仁真是完美的搭配，
能品嚐到無與倫比的味覺宴饗。

伊斯巴翁皮力歐許
Nid d'abeille Ispahan

材料

• 皮力歐許麵團
（每1個使用麵團70g，約10～12個的用量。製作方法請合併參照第6頁）

 高筋麵粉　180g

 法國麵包用粉　180g

 細砂糖　54g

 新鮮酵母　10g

 全蛋　235g

 鹽（鹽之花）　9g

 無鹽奶油　325g

• 蜂蜜阿帕雷（appareil）
（每1個使用25g，約17個）

 無鹽奶油　95g

 荔枝蜂蜜　65g

 細砂糖　110g

 玫瑰香萃　2.2g

 杏仁片　170g

 刷塗用蛋液（請參照第8頁）少量

 冷凍乾燥覆盆子每個使用0.5g

• 覆盆子果凍
（18 x 10cm 一方框的分量）

 結蘭膠（gellan gum）（※）4.7g

 細砂糖　27g

 覆盆子果泥　183g

 荔枝果肉　180g

• 玫瑰卡士達奶油餡
（每個約使用30g，約10個的用量）

 卡士達奶油餡（請參照第34頁）300g

 玫瑰糖漿　3g

 玫瑰香萃　2g

※ 結蘭膠（gellan gum）
是由 SOSA 公司出產，即使加熱也不會完全溶化地會有殘留、耐熱性極佳之凝膠劑。也可用寒天來取代。

工具

 鍋子

 耐熱橡皮刮杓

 溫度計

 烤盤紙

 擀麵棍

 攪拌機

 缽盆

 刮板

 環形模（直徑10cm）

 環形模（直徑7cm）

 毛刷

 叉子

 烤箱

 方框模（18 x 10cm）

 攪拌器

 橡皮刮刀

圓形擠花嘴和擠花袋

a

b

c

d

e

f

g

h

i

j

k

覆盆子果凍	完成

玫瑰卡士達奶油餡

作法

<蜂蜜阿帕雷>

1 奶油放入鍋中加熱，待奶油融化後加入蜂蜜(a)、細砂糖。用橡皮刮刀邊攪動混拌邊加熱至115℃（若無溫度計時，約是沸騰後繼續加熱1～2分鐘）。

2 待至115℃時，熄火，加入玫瑰香萃(b)。接著加入杏仁片，混拌均勻(c)。

3 將2取出放至烤盤紙上，表面再次疊放烤盤紙，以擀麵棍薄薄地擀壓至1.5mm的厚度(d、e)。放入冷凍使其冷卻凝固。

<皮力歐許麵團（基本麵團製作）>

1 與第6頁「皮力歐許麵團」1～16相同步驟地製作麵團。

2 邊撒放手粉邊用擀麵棍將麵團擀壓至4mm的厚度，以直徑10cm的環形模按壓（1片約70g）(f)。擺放在舖有烤盤紙的烤盤上(g)，以叉子在全體表面刺出孔洞。放置於房間內溫暖處使其發酵膨脹。

3 待蜂蜜阿帕雷凝固後，由冷庫室取出，剝除烤盤紙後以直徑7cm的環形模按壓出圓形(h)。

4 當2的麵團膨脹至約1cm厚，麵團鬆弛後，用毛刷在表面刷上刷塗用蛋液(i)，中央擺放上步驟3的蜂蜜阿帕雷(j)。

5 放入以190℃預熱的烤箱中，烘烤約8分鐘。完成烘烤後，立刻散放上冷凍乾燥的覆盆子碎片(k)。

<覆盆子果凍>

1 將細砂糖和結蘭膠混合備用(l)。

2 在鍋中放入覆盆子果泥加熱至40℃後，加入1(m)，以攪拌器邊攪拌邊加熱至沸騰。

3 沸騰後離火，迅速地倒入底部舖有保鮮膜的方框模內（厚約8mm左右）(n)。因凝固的速度很快，因此熄火後必須立刻倒出，放入冷凍室冷卻。

4 凝固後，以抹刀等插入其周圍劃開，脫模，切成1x1cm(o)的大小。直接放入冷凍室冷卻。

<玫瑰卡士達奶油餡>

1 卡士達奶油餡中加入玫瑰香萃(p)、玫瑰糖漿(q)，以橡皮刮刀混合拌勻。

<完成>

1 荔枝果肉切碎，務必用廚房紙巾等確實的擦乾水分(r)。

2 將放涼的皮力歐許橫向片切(s)。

3 將玫瑰卡士達奶油餡放入裝有圓形擠花嘴的擠花袋內，在2的底部由中央朝外側絞擠（每個約30g）(t)。

4 在奶油餡上撒上覆盆子果凍（每個約10粒）、荔枝（每個約2顆）(u)，覆蓋上表層的皮力歐許(v)。

糖杏仁皮力歐許

Brioche aux pralines

材料

• 皮力歐許麵團

（使用麵團450g，約是13個的用量。製作方法請合併參照第6頁）

 高筋麵粉　180g

 法國麵包用粉　180g

 細砂糖　54g

 新鮮酵母　10g

 全蛋　235g

 鹽（鹽之花）　9g

 無鹽奶油　325g

• 糖杏仁（Amande Praline）

（450g 麵團，使用80g）

 細砂糖　50g

 礦泉水　20g

 整顆杏仁（去皮）　100g

 細砂糖（完成時）　20g

 刷塗用蛋液（請參照第8頁）　適量

工具

 攪拌機

 擀麵棍

 缽盆

 刮板

 鍋子

 耐熱橡皮刮刀

 溫度計

 烤盤紙

 皮力歐許模（直徑10.5cm・高2cm）

 毛刷

 剪刀

 烤箱

糖杏仁

a

f

皮力歐許

g

b

h

c

i

d

j

e

k

l

m

n

o

p

q

r

s

作法

<皮力歐許麵團(基本麵團製作)>

1 與第6頁「皮力歐許麵團」1〜16相同步驟地製作麵團。

<糖杏仁>

1 杏仁果在160℃的烤箱稍加烘烤約12分鐘。

2 在鍋中放入水和細砂糖混拌後加熱(a),達120℃時加入杏仁果用混拌使其沾裹(b)。再次加熱時細砂糖會像砂子般變硬(c),之後又會再次融化(d)。待其成為深焦糖色時熄火。因熱度非常高,所以必須注意避免燙傷。

3 直接放置約3分鐘後,再加入完成時用的細砂糖(e)。混合拌勻後,攤放在烤盤紙上,用刮板等分開結塊部分使其冷卻(f)。

<皮力歐許麵團>(分割〜整型)

1 將糖杏仁切成口感恰到好處的大小(g)。

2 用刮刀或小刀等從<皮力歐許麵團>中切分出450g,邊薄薄地撒上手粉邊擀壓成橫向較長的長方形(h)。

3 將2的麵團靠近身體方向預留空間地撒上糖杏仁(i),由外側朝身體方向捲起(j),之後直接放置約5分鐘(k)。

4 用刮刀或刀子分切成每個40g(l)。

5 使糖杏仁包覆於麵團當中地,邊將麵團朝下包捲邊進行滾圓整型(m、n),麵團接合面朝下地用手掌在工作檯上滾動,使表面滾圓成平滑狀(o)。

6 將麵團接合面朝下地,放入薄薄地塗有奶油(用量外)直徑6.5cm・高2cm的皮力歐許模型內(p)。放置於房間內溫暖處使其發酵,膨脹至1.5〜2倍。

7 麵團整體漲大一圈並鬆弛後(q),用毛刷在表面刷上刷塗用蛋液(r),用剪刀尖端剪切出十字切紋(s)。

8 擺放在烤盤上,送入以180℃預熱的烤箱中,約烘烤6〜7分鐘,完成烘烤後,脫模取出,置於網架上放涼。

mémo

■ 分割用量可以配合實際使用的模型即可(依照大小不同來調整烘烤時間)。但是,相對於模型,份量過大時,會導致麵團無法膨脹,所以必須多加注意。

二次冷藏發酵
皮力歐許麵團
Pâte briochèe

使用此基本麵團的維也納麵包

辮子麵包
→ 第28頁

絲緞皮力歐許
→ 第30頁

聖特羅佩塔
→ 第31頁

材料（麵團1130g）

高筋麵粉 250g

法國麵包用粉 250g

細砂糖 70g

新鮮酵母 20g

牛奶 100g

全蛋 250g

鹽（鹽之花 fleur de sel）
15g

無鹽奶油 175g

1 混合材料

混合完成過篩的高筋麵粉、法國麵包用粉，使其在工作檯上成為甜甜圈狀，放上剝散的新鮮酵母，並在另一端放上細砂糖，中央注入牛奶。

2

接著在中央加入2/3用量的雞蛋，使用刮板逐次少量地將粉類撥向中央，使水分和粉類得以混合。添加雞蛋混拌水分變少吸收後，可以逐次少量地再加入其餘的雞蛋。

3

混拌至全體某個程度可以整合成團為止。照片是混拌完成時的麵團。

4 敲打揉和

抓住麵團，由身體朝外側折疊般翻面，敲打在工作檯上。這樣的動作重覆幾次。在固定的工作檯會比較方便進行。

5

整合成團，不會沾黏在手上時，在麵團上放鹽，由外朝內、內朝外，以及左右地折疊麵團，包覆住鹽。再次敲打並揉和麵團。

6

從最初粗糙無法延展的麵團，至平滑並逐漸產生彈力。

7

揉和至拉開延展時，會產生薄膜狀為止。照片中就是此狀態的麵團。

8

使用30分鐘前由冷藏取出的奶油，用擀麵棍敲打使其柔軟，使全體呈現均勻的硬度且保持冰冷狀態。

9

取1/3的7的麵團，擺放上8的奶油。使麵團與奶油混拌般地用手使其混合。

10

當9的材料融合後，攤放在工作檯上，再擺放上7的其餘麵團。再次依照步驟4同樣地重覆敲打揉和作業。

11

在常溫下發酵

奶油融入後將麵團整合成團（照片），移至撒有手粉的大缽盆內。避免麵團乾燥地覆蓋濕布巾或保鮮膜，放置於房間內溫暖處（27℃）使其發酵，膨脹至1.5～2倍。

12

整體漲大一圈並呈鬆弛柔軟狀態的麵團。

13

排氣

用手按壓進行排氣（上方照片），並由外朝內、內朝外折入地進行三折疊（下方照片），左右麵團向中央折疊，使其排氣。

14

於冷藏室內發酵

麵團接合面朝下地放回撒有手粉的缽盆內，覆蓋上濕布巾或保鮮膜，放入冷藏室使其發酵，膨脹至1.5～2倍。

15

發酵後漲大一圈的麵團。

16

排氣

放至作業檯上，與步驟13相同地進行排氣。

17

於冷藏室內發酵

與步驟14相同地放回缽盆中，置於冷藏室使其發酵，膨脹至1.5倍。

18

排氣

排氣發酵後的麵團（上方照片）。取出麵團放至工作檯上，用手按壓全體麵團進行排氣。

19　進入各種維也納麵包的製作，**分割、滾圓、整型、最後發酵、烤焙、裝飾**等步驟。

< 保存於冷藏室次日烘焙的情況 >

冷藏室靜置，次日才開始進行後續作業（分割～烘烤）。此時，步驟18之後，如步驟13般進行排氣後，使麵團接合處朝下地放回缽盆中，覆蓋上濕布巾或保鮮膜，放入冷藏。為避免過度發酵，當麵團膨脹成1.5倍時，再次進行排氣作業。整型時需要擀壓麵團的製作，則於前一晚放入冷藏靜置會更方便進行。

< 保存於冷凍室時 >

在步驟18之後，如步驟13般地進行排氣後，也可立即放入冷凍室，以冷凍保存。避免提高麵團溫度非常重要，因此由冷藏室取出後必須儘速進行業並放入冷凍。約可保存7～10天左右，於冷藏室內解凍後使用。

mémo

■ 請參考第7頁的「皮力歐許麵團」的mémo。

■ 以攪拌機製作時，請參照第6頁「皮力歐許麵團」的步驟1～11。

辮子麵包
Tresse

材料

- 二次冷藏發酵
  皮力歐許麵團
  （每1個使用麵團125g x 3，約
  3個的用量。製作方法請合併參
  照第26頁）

 高筋麵粉　250g

 法國麵包用粉
　　　　　250g

 細砂糖　70g

 新鮮酵母　20g

 牛奶　100g

 全蛋　250g

 鹽（鹽之花）　15g

 無鹽奶油　175g

 刷塗用蛋液（請參
照第8頁）　適量

工具

 刮板

 缽盆

 毛刷

 烤箱

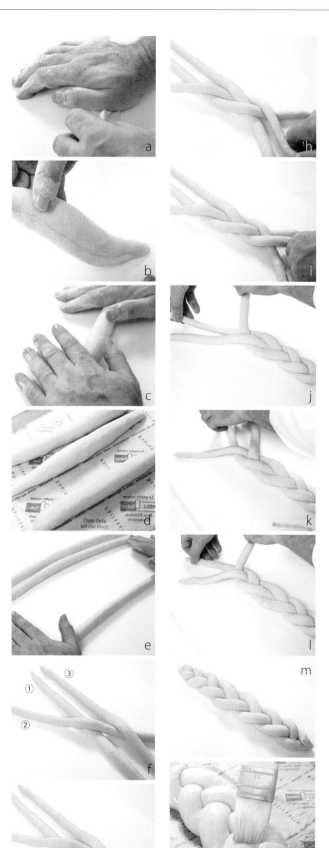

作法

1. 與第26頁「二次冷藏發酵皮力歐許麵團」1～18相同步驟地製作基本麵團。

2. 將1的基本麵團分割成125g的細長形，1個辮子麵包使用3個分割的細長麵團。在工作檯薄薄撒上手粉，首先用敲拍的方式使其延展成橫向。接著由麵團邊緣開始用力按壓，由外側朝身體方向折入1/3（a），改變方向（b）同樣地折入1/3，繼續排氣地施以壓力可以更方便整型作業的進行。接著滾動經過三折疊的麵團使其成為棒狀（c、d）。靜置於冷藏約5分鐘。

3. 由冷藏取出，搓成55cm長（e）。每有不易延展時，皆可再度放入冷藏靜置。當3條麵團整型成相同長度及粗細，就能編出漂亮的形狀。由此開始就請盡量不使用手粉。

4. 3條麵團如照片（f）的①、②、③的順序，由下方開始排列交叉。

5. 首先由下方開始編起。左列麵團①放至其他2條麵團正中間（g）。其次右列麵團②放至其他兩條麵團正中間（h）。如此將在左右兩側的麵團交替地放至中央，重覆進行作業（i），編至頂端。

6. 再開始編上方麵團。上方是使麵團交叉時穿越其下。首先，右列麵團③穿越下方放至其餘2條麵團的正中央（j）。接著將左側麵團②穿越下方地放至正中央（k）。同樣地依右、左順序，將麵團相互交替地放至正中央，重覆進行作業（l），編至頂端。

7. 放置於房間內溫暖處使其發酵，膨脹至1.5～2倍（m）。

8. 麵團整體漲大一圈後，用毛刷塗抹刷塗用蛋液（n）。麵團呈鬆弛且柔軟的狀態。

9. 放入以180℃預熱的烤箱中，烘烤約15分鐘。完成烘烤後，置於網架上放涼。

Tresse
辮子麵包

只要吃到這款麵包，就會令我回想起在亞爾薩斯時，
父親親手製作的皮力歐許。

Brioche Satine
絲緞皮力歐許

入口即化的酸甜奶油餡，
就隱身於柔軟的皮力歐許麵團之中。

Tarte Tropézienne

聖特羅佩塔

南法聖特羅佩（Saint-Tropéz）糕點師所創作的皮力歐許，
鬆軟的奶油餡夾在其中，
建議充分冷卻後再享用更美味。

絲緞皮力歐許

Brioche Satine

材料

• 二次冷藏發酵 皮力歐許麵團

（每1個使用麵團50g，約22個用量。製作方法請合併參照第26頁）

 高筋麵粉 250g

 法國麵包用粉 250g

 細砂糖 70g

 新鮮酵母 20g

 牛奶 100g

 全蛋 250g

 鹽（鹽之花） 9g

 無鹽奶油 175g

 刷塗用蛋液（請參照第8頁） 適量

• 百香法式塔皮麵團

（每1個約是20～25g，約10～12個的用量）

 低筋麵粉 120g

 糖粉 45g

 杏仁粉 7g

 鹽（鹽之花） 1.4g

 百香果粉 7g

 無鹽奶油 35g

 百香果籽 14g

 全蛋 14g

• 百香柳橙慕斯林奶油餡

（每1個使用30g，約10個的用量）

 百香奶油餡（※） 240g

 無鹽奶油 72g

 糖漬柳橙 36g

※ 百香奶油餡

（完成時約470g）

 百香果泥 90g

 檸檬汁 13g

 全蛋 125g

 細砂糖 115g

 板狀明膠 2g

 無鹽奶油 125g

工具

 刮板

 缽盆

 攪拌機（沒有也可以）

 烤盤紙

 擀麵棍

 環形模（直徑6cm）

 毛刷

 烤箱

 鍋子

 攪拌器

 橡皮刮刀

 手持食物攪拌棒（bamix）

 擠花袋和圓形擠花嘴

百香法式塔皮麵團

a

b

c

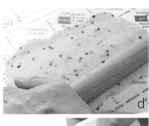
d

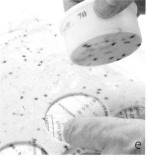
e

皮力歐許麵團

f

g

h

i

j

百香奶油餡

k

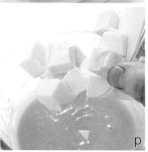

百香柳橙慕斯林奶油餡

完成

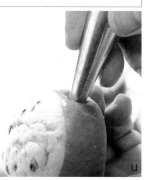

作法

＜皮力歐許麵團＞（基本的麵團製作）
1. 與第26頁「二次冷藏發酵皮力歐許麵團」1～18相同步驟地製作麵團。

＜百香法式塔香麵團＞
1. 在攪拌機缽盆內放入完成過篩的低筋麵粉、糖粉、杏仁粉、鹽、百香果粉(a)。
2. 加入奶油，以中速攪拌使其混合。用手混拌時則使用刮板。
3. 當奶油與粉類混拌後，加入百香果籽(b)。接著加入全蛋，再次進行攪拌。
4. 待全體均勻混拌後(c)，取出放置於烤盤紙上，以擀麵棍薄薄地擀壓成與百香果籽相同的厚度(d)。放入冷藏冷卻凝固。
5. 待放至可以用模型按壓時，以直徑6cm的環形模按壓(e)。放入冷藏或冷凍，冷卻備用。

＜皮力歐許麵團＞（分割～烘烤）
1. ＜二次冷藏發酵皮力歐許麵團＞的基本麵團緩緩地捲起後，輕輕地在工作檯上滾動成棒狀，分割成50g(f)。在工作檯上用手掌彷彿延展麵團下側般地滾動，使其表面呈平滑狀態地滾圓(g)。當麵團沾黏在工作檯上不易滾動時，可以薄薄地撒放手粉。
2. 將麵團接合處朝下地排放在舖有烤盤紙的烤盤上，靜置約5分鐘後由上方輕輕按壓(h)。放置於房間內溫暖處使其發酵，膨脹至1.5～2倍。
3. 麵團漲大一圈並鬆弛後，用毛刷在表面輕輕刷上刷塗用蛋液(i)。立刻擺放百香法式塔皮麵團(j)。
4. 放入以180℃預熱的烤箱中，約烘烤9分鐘。完成烘烤後置於網架上放涼。

＜百香奶油餡＞
1. 於使用前一日製作。在鍋中放入百香果泥，加入檸檬汁加熱(k)。
2. 在缽盆中混合細砂糖、全蛋，以攪拌器混合拌勻。
3. 當1沸騰後，加入2的缽盆中(l)。
4. 疊放缽盆，不時地以攪拌器邊混拌至產生濃稠邊進行隔水加熱。過程中，缽盆邊緣有奶油凝固時，為避免結塊地必須以橡皮刮刀刮落並以攪拌器混拌(m)。如果此作業中產生結塊，則會影響完成時的質地與口感，必須多加注意。
5. 當產生濃稠時(n)，停止隔水加熱，加入泡水擰乾還原的板狀明膠(o)。邊混拌邊墊放冷水使其溫度降至60℃。
6. 加入切成塊狀且在常溫中軟化的奶油(p)，以手持食物攪拌棒攪打(q)。等奶油均勻混拌至呈光滑狀時，用保鮮膜緊密貼合於表面地放入冷藏保存。

＜百香柳橙慕斯林奶油餡＞
1. 由冷藏取出百香奶油餡備用。奶油餡過度冰冷時，之後與奶油混拌會產生分離狀態。
2. 放置於常溫下呈乳霜狀的奶油，以攪拌器稍稍攪拌，並確認是否留有塊狀。
3. 加入放置成常溫的百香奶油餡(r)，再次進行攪拌。
4. 待其乳化並呈光滑狀時(s)，加入切碎的糖漬橙皮(t)，以橡皮刮刀混合均勻。

＜完成＞
1. 將擠花嘴插入冷卻的皮力歐許中，刺出孔洞(u)。
2. 百香柳橙慕斯林奶油餡填入裝有較大圓形擠花嘴（照片中是口徑10mm）的擠花袋內，絞擠至1的孔洞中(v)。用抹刀刮除溢出孔洞的奶油餡。

mémo
■ 當百香法式塔皮麵團太厚時，可能會導致完成烘烤的塔皮麵團中央仍未受熱，因此必須擀壓成與百香果籽相同的厚度。

聖特羅佩塔
Tarte Tropézienne

材料

• 二次冷藏發酵 皮力歐許麵團

（每1個使用麵團520g，約2個用量。製作方法請合併參照第26頁）

 高筋麵粉　250g

 法國麵包用粉　250g

 細砂糖　70g

 新鮮酵母　20g

 牛奶　100g

 全蛋　250g

 鹽（鹽之花）　15g

 無鹽奶油　175g

 刷塗用蛋液（請參照第8頁）　適量

• 糖油酥粒（chapelure）
（2個的用量）

 無鹽奶油　60g

 細砂糖　65g

 高筋麵粉　100g

• 輕奶油餡
（2個的用量）

 卡士達奶油餡（※）　700g

 橙花水（食用）　11g

 櫻桃酒　14g

 打發至九分～全發的鮮奶油　200g

※ 卡士達奶油餡
（完成時約960g）

 牛奶　500g

 香草莢　1支

 蛋黃　120g

 細砂糖　70g

 玉米澱粉　35g

 低筋麵粉　15g

 無鹽奶油　225g

 糖粉　少量

工具

 刮板

 缽盆

 擀麵棍

 烤盤紙

 叉子

 攪拌機

 毛刷

 烤箱

 鍋子

 攪拌器

 橡皮刮刀

 擠花袋和圓形擠花嘴

 濾網

皮力歐許麵團

a

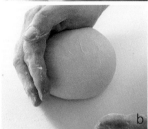
b

c

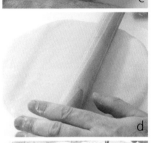
d

e

糖油酥粒

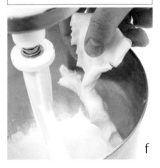
f

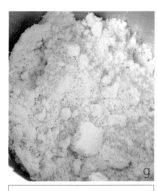
g

烘烤

h

i

卡士達奶油餡

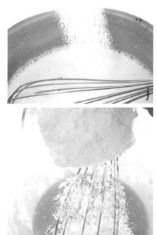
j

k

l

m

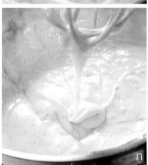

n

o

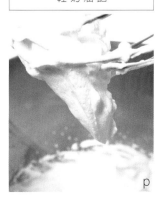

p

輕奶油餡

q

r

完成

s

t

u

作法

<皮力歐許麵團>（基本的麵團製作）

1 與第26頁「二次冷藏發酵皮力歐許麵團」1～18相同步驟地製作麵團。

2 1的基本麵團分割成520g，由麵團周圍朝中央折入地將形狀整合成圓形(a)，在工作檯上用手掌彷彿延展麵團下側般地滾動，使其表面呈平滑狀態地滾圓(b)，放入冰箱2～3分鐘。當麵團沾黏在工作檯上不易滾動時，可以薄薄地撒放手粉。

3 滾動擀麵棍，先將麵團擀壓成直徑20cm左右的圓形(c)，放入冷藏2～3分鐘。擀壓時，避免其沾黏於工作檯地邊稍稍轉動麵團，邊進行擀壓。再繼續以擀麵棍擀壓成厚6.5mm、直徑約28cm的圓形(d)（不易擀壓時可放入冷藏，稍稍靜置後再行擀壓）。

4 移至舖有烤盤紙的烤盤上，以叉子在整體麵團上刺出孔洞(e)。放置於房間內溫暖處使其發酵，膨脹至1.5～2倍。

<糖油酥粒>

1 用擀麵棍敲打冰冷的奶油，使其柔軟並有均勻之硬度。

2 在攪拌機缽盆中放入完成過篩的高筋麵粉、細砂糖、與1的奶油混拌(f)，以中速進行攪拌。待全體混拌後，呈現砂粒般鬆散的狀態即可停止(g)。

<烘烤>

1 當<二次冷藏發酵皮力歐許麵團>漲大一圈地膨脹鬆弛後，刷上刷塗用蛋液(h)。

2 充分地撒上糖油酥粒(i)。

3 放入以180℃預熱的烤箱中，約烘烤12分鐘。完成烘烤後置於網架等放涼。

<卡士達奶油餡>

1 在鍋中放入牛奶加熱，加入香草莢內刮出的香草籽、半量的細砂糖(j)，避免燒焦地邊混拌邊加熱至沸騰。

2 在缽盆中混拌雞蛋及其餘半量的細砂糖，攪拌器以摩擦般的混拌方式混合拌勻。加入玉米澱粉和低筋麵粉(k)混拌。

3 待1沸騰後，取少量加入2的缽盆中(l)，混合拌勻。

4 充分混合後，放回3的鍋中，邊混拌邊以中火加熱。會變得濃稠且略微變硬(m)，再持續加熱時，材料會變得更濃稠柔軟(n)。

5 當材料變得柔軟時熄火，加入奶油(o)，混拌。攤放在舖放保鮮膜的方型淺盤上放涼，待放涼後移至容器內置於冷藏室冷卻。

<輕奶油餡>

1 鮮奶油打發至九分～全發的尖角堅硬直立狀(p)。

2 將剛由冷藏取出的卡士達奶油餡，放入缽盆中以橡皮刮刀混拌至沒有結塊，呈現平滑狀態為止。如果此時殘留結塊，加入鮮奶油後會因增加攪拌次數而軟化，無法完成理想的成品。

3 在2當中加入橙花水和櫻桃酒混拌。

4 加入1的鮮奶油一半用量，避免破壞鮮奶油氣泡地以橡皮刮刀由底部舀起般地翻拌混合。在尚未混拌完成時，加入其餘的鮮奶油(q)，均勻混拌(r)。

<完成>

1 橫向片切放涼的皮力歐許(s)。轉動皮力歐許同時用小刀由邊緣切入會更容易片切。

2 輕奶油餡填入裝有圓形擠花嘴的擠花袋內，在1的皮力歐許底部表面，由中心朝外側絞擠(t)。充分地擠上輕奶油餡會比較美味。

3 覆蓋表層皮力歐許(u)，用手輕輕按壓。完成時以濾網輕輕篩撒上糖粉。

Boule de Berlin
柏林球

中間包入了李子果醬的多納滋（donutes）
我小時候最喜歡吃的，
就是這種微溫的多納滋。

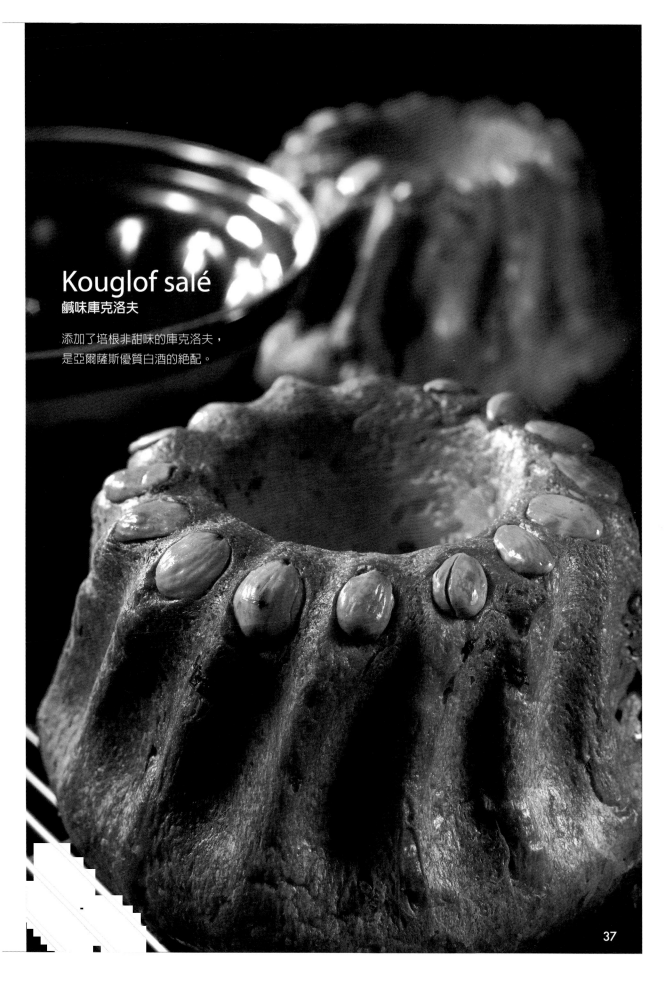

Kouglof salé
鹹味庫克洛夫

添加了培根非甜味的庫克洛夫，
是亞爾薩斯優質白酒的絕配。

柏林球
Boule de Berlin

材料

• 麵團
（每1個使用麵團40g，約25個的用量。）

■ 發酵種
 高筋麵粉　140g
 法國麵包用粉　140g
 新鮮酵母　5g
 礦泉水　175g

■ 正式揉和
 高筋麵粉　125g
 法國麵包用粉　125g
 細砂糖　65g
 鹽（鹽之花）　11g
 蛋黃　100g
 牛奶　50g
 新鮮酵母　60g
 無鹽奶油　65g

• 含果粒覆盆子果醬
（每1個使用40g，約10個的用量）
 覆盆子（新鮮，或冷凍）　250g
 細砂糖　150g
 果膠　4g
 檸檬汁　25g

• 肉桂砂糖
（適量使用）
 細砂糖　165g
 肉桂粉　2.5g

工具

 攪拌機
 缽盆
 刮板
 鍋子
 方型淺盤
 網架
 耐熱橡皮刮刀
 溫度計
 手持食物攪拌棒
 攪拌器
 擠花袋和圓形擠花嘴

發酵種

a

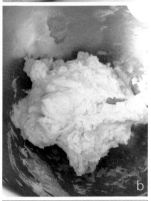
b

正式揉和

c

d

e

f

g

h

i

j

k

肉桂砂糖

完成

含果粒覆盆子果醬

作法

＜發酵種＞

1 在攪拌機缽盆中放入完成過篩的高筋麵粉、法國麵包用粉、剝散的新鮮酵母，再加入礦泉水(a)，立刻用裝有勾狀攪拌棒的攪拌機以中速進行攪拌。

2 混拌後，停止攪拌機(b)，將材料移至缽盆內，避免乾燥地覆蓋濕布巾或保鮮膜，放置在房間內溫暖處使其發酵，膨脹至2倍。

＜正式揉和＞

1 將發酵後的發酵種放入攪拌機缽盆內，加入完成過篩的高筋麵粉、法國麵包用粉、細砂糖、鹽、蛋黃、牛奶、細碎剝散的新鮮酵母、無鹽奶油(用擀麵棍敲打成硬度均勻的冰冷狀態)(c)。新鮮酵母與細砂糖的位置分開放。

2 立刻用裝有勾狀攪拌棒的攪拌機以中速進行攪拌，攪拌過程中不時地剝落沾黏在勾狀攪拌棒上的麵團，攪拌揉和至麵團整合成團，且不會沾黏在缽盆上為止(d)。揉和完成後，原狀靜置5分鐘。

3 取出至工作檯上，用手按壓全體後，再折疊成三折疊後按壓，使其確實排出氣體(e)。在工作檯上滾動成細長棒狀，用刮板或小刀將其分割成每個40g (f)。

4 在工作檯上用手掌彷彿延展麵團下側般地滾動，使其表面呈平滑狀態地滾圓(g)。當麵團沾黏在工作檯上不易滾動時，可以薄薄地撒放手粉。

5 將布巾鋪放在烤盤上並撒上手粉，預留間隔地排放完成滾圓的麵團。用手按壓平(h)，放置於房間內溫暖處使其發酵，膨脹至1.5～2倍(i)。

6 麵團漲大一圈地膨脹並鬆弛後(j)，放入165℃的熱油中(用量外)，過程中邊翻面邊油炸10分鐘(k)。待其呈現漂亮的油炸色澤時，放置於墊有網架的方型淺盤上冷卻(l)。

＜含果粒覆盆子果醬＞

1 在鍋中放入覆盆子加熱，加入半量細砂糖，以橡皮刮刀邊混拌邊加熱(m)。

2 其餘細砂糖與果膠混合。

3 待1加熱至40℃時，加入2 (n)煮至沸騰1分鐘後，熄火(o)。

4 移至缽盆中，用手持食物攪拌棒攪打，完成時混拌入檸檬汁(p)。

＜肉桂砂糖＞

1 用攪拌器混合拌勻細砂糖和肉桂粉，製作肉桂砂糖(q)。

＜完成＞

1 以較細的擠花嘴等在麵包側面刺出孔洞(r)。

2 含果粒覆盆子果醬填至裝有圓形擠花嘴的擠花袋內，絞擠至1的孔洞內(s)。含果粒覆盆子果醬常溫或冰涼都能品嚐其美味。

3 周圍沾裹上肉桂砂糖(t)。

mémo
■ 本書當中，介紹的是使用容易購得的覆盆子果醬。李子當季時，也請務必試試李子果醬。

鹹味庫克洛夫

Kouglof salé

材料（2個的用量）

 高筋麵粉　170g

 法國麵包用粉　170g

 新鮮酵母　7g

 細砂糖　40g

 全蛋　60g

 牛奶　200g

 鹽（鹽之花）　7g

 無鹽奶油　160g

 洋蔥　50g

 葡萄籽油（拌炒用）　15g

 鹽　少許

 胡椒　少許

 培根　100g

 核桃　100g

 帶皮杏仁果　50g

 清澄奶油（※）　80g

工具

 平底鍋

 攪拌機

 缽盆

 擀麵棍

 刮板

 庫克洛夫模
（直徑20cm）

 毛刷

 烤箱

※ **清澄奶油** Clarified Butter
融化必要用量1.5倍的無鹽奶油，稍加放置分離後的上方黃色清澄液體。僅使用上方清澄奶油液，較不容易產生劣化。

a

b

c

d

e

f

g

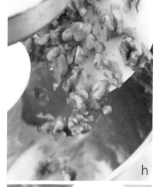
h

i

j

k

作法

1. 加熱平底鍋放入葡萄籽油，放入切成薄片的洋蔥拌炒(a)。待其炒軟後，撒上少許的鹽、胡椒，盛盤放涼。

2. 接著拌炒切成1cm寬的培根片(b)，拌炒至呈現炒色後盛盤冷卻。

3. 在攪拌機缽盆內放入完成過篩的高筋麵粉與法國麵包用粉，加入細砂糖與剝散的新鮮酵母。細砂糖與新鮮酵母要有距離地分開放入。

4. 加入全蛋、半量的牛奶(c)。立刻用裝有勾狀攪拌棒的攪拌機以中速攪拌。其餘的牛奶，少量逐次地加入並逐次攪拌。材料混拌後，刮落沾黏在勾狀攪拌棒上的麵團(d)，再以高速進行攪拌揉和。

5. 待麵團不再沾黏於缽盆時，加入鹽(e)。再以攪拌機混拌。

6. 用擀麵棍敲打冰冷的奶油，使其成為冰冷且硬度均勻的狀態(f)。

7. 拉開麵團，具有可以延展出漂亮薄膜的彈力時，加入6的奶油(g)，再次以攪拌機混拌。

8. 當麵團整合成團，表面出現光澤且不再沾黏於缽盆時，停止攪拌，加入切成仍具口感的核桃(h)、步驟1放涼的洋蔥和2的培根(i)。

9. 轉動攪拌機混拌(j)，混拌完成後移至缽盆，覆蓋上濕布巾或保鮮膜，放置於房間內溫暖處使其發酵，膨脹至1.5～2倍。

10. 整體漲大一圈，麵團呈鬆弛且柔軟的狀態後(k)，取出放置於工作檯上，用手掌按壓使其排氣，再折疊成三折疊進行排氣(l)。麵團接合面朝下地放回缽盆中(m)，以濕布巾或保鮮膜覆蓋，放置於冷藏室使其發酵，膨脹至1.5倍。

11. 在直徑20cm的庫克洛夫模(大)內薄薄地刷塗奶油(用量外)，在底部排放上以160℃烘烤10～15分鐘的帶皮杏仁果(n)。

12. 麵團整體漲大一圈呈鬆弛柔軟狀態後(o)，以刮刀或刀子分切為二，用手按壓排氣(p)，再折疊成三折疊進行排氣(q)。麵團接合處朝下地用手掌滾圓般地滾動，使其表面呈平滑狀態地滾圓(r)。當麵團沾黏在工作檯上不易滾動時，可以薄薄地撒放手粉。在完成滾圓的麵團正中央處，以姆指按壓出孔洞(s)，放入11的模型中(t)。放置於房間內溫暖處使其發酵，膨脹至1.5～2倍。(u)是發酵後的狀態。

13. 以180℃預熱的烤箱，轉為170℃烘烤約20分鐘，再轉為160℃烘烤25分鐘(v)。完成烘烤後趁熱刷塗上清澄奶油，置於網架上放涼。

Stollen
史多倫

等待耶誕節到來的期間，所食用的德國傳統糕點，
切成薄片後享用。
請搭配帶有肉桂香的熱紅酒一起品嚐。

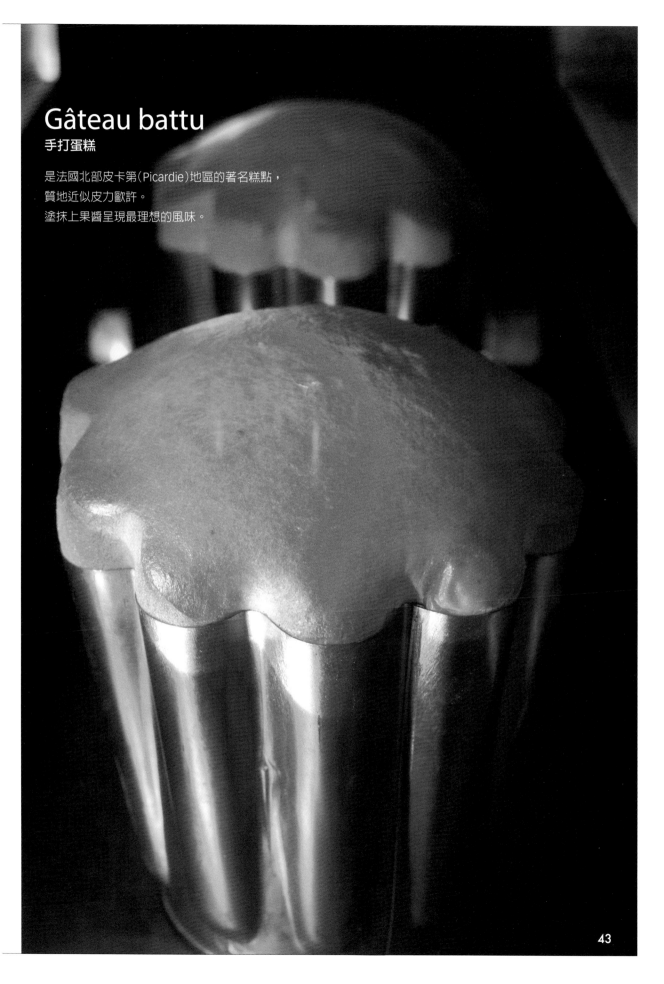

Gâteau battu
手打蛋糕

是法國北部皮卡第(Picardie)地區的著名糕點，
質地近似皮力歐許。
塗抹上果醬呈現最理想的風味。

史多倫 1
Stollen

材料

• 麵團

（每1個使用麵團420g，約5個的用量。）

■ 發酵種

 法國麵包用粉　115g

 高筋麵粉　185g

 牛奶　230g

新鮮酵母　23g

■ 正式揉和

 法國麵包用粉　150g

 高筋麵粉　150g

 細砂糖　37.6g

 無鹽奶油　250g

 檸檬皮　1.2g

 杏仁膏　32g

 香料麵包（Pain d'épices）用香料（※）　1.8g

 香草粉　0.2g

 鹽（鹽之花）　9g

 黑醋栗（currants）　320g

 黃金葡萄乾　300g

 杏仁果（整顆）　113g

 蘭姆酒　20g

 糖漬檸檬　75g

 糖漬柳橙　75g

 杏仁片　20g

 杏仁膏（杏仁果65%）300g（一個史多倫使用60g）

 清澄奶油（※）　適量

 肉桂砂糖（請參照第38頁）　適量

※ 香料麵包（Pain d'épices）用香料

本書當中使用的是肉桂、薑為基底，搭配少許的小荳蔻和丁香。也有市售現成的商品。

※ 清澄奶油 Clarified Butter

融化必要用量1.5倍的無鹽奶油，稍加放置分離後的上方黃色清澄液體。僅使用上方清澄奶油液，較不容易產生劣化。

工具

攪拌機

缽盆

方型淺盤

刮板

擀麵棍

毛刷

烤盤紙

烤箱

a

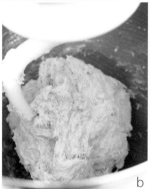
b

正 式 揉 和

c

d

e

f

g

h

i

j

作法

＜發酵種＞

1　在攪拌機缽盆中放入完成過篩的高筋麵粉、法國麵包用粉、剝散的新鮮酵母，再加入牛奶(a)。
2　立刻用裝有勾狀攪拌棒的攪拌機以中速進行攪拌，至混拌均勻(b)。
3　避免乾燥地覆蓋濕布巾或保鮮膜，放置於房間內溫暖處使其發酵，膨脹至2倍左右。

＜正式揉和＞

1　黃金葡萄乾用熱水浸泡1分鐘使其軟化(c)，以濾網瀝乾水分(d)。杏仁果放入160℃烤箱烘烤12～15分鐘左右，切碎成大顆粒。
2　當發酵種膨脹至2倍後(e)，加入完成過篩混合後的高筋麵粉和法國麵包用粉、細砂糖、無鹽奶油(用擀麵棍敲打成硬度均勻的冰冷狀態)(f)、檸檬皮(g)、杏仁膏(h)、香料麵包用香料(i)、香草粉，用裝有勾狀攪拌棒的攪拌機以中速進行攪拌揉和(j)。
3　待麵團不會沾黏在缽盆時，加入鹽(k)，再繼續攪拌。拉開延展時不具彈力地會被撕開的麵團(l)，用攪拌機攪拌至如照片(m)中的程度即可。
4　當3的揉和作業完成時，由麵團中取出350g，在工作檯上輕輕整合並攤放在撒有手粉的方型淺盤等，覆蓋上保鮮膜放入冷藏(n)。
5　在3的其餘麵團中，加入黑醋栗(o)、1的黃金葡萄乾和切碎的杏仁果(p)、糖漬檸檬與柳橙(q)、杏仁片(r)、蘭姆酒(s)，以低速攪拌。
6　當材料混拌後，放入撒有手粉的缽盆中(t)，避免麵團乾燥地覆蓋濕布巾或保鮮膜，放置於房間內溫暖處使其發酵，膨脹至1.5～2倍。

→接續第46頁

史多倫 2
Stollen

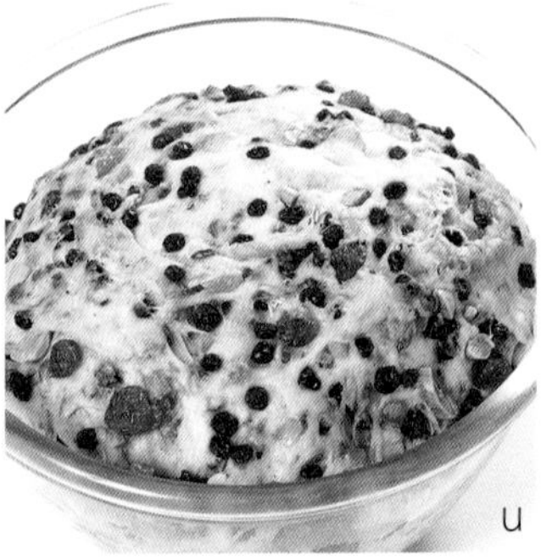
u

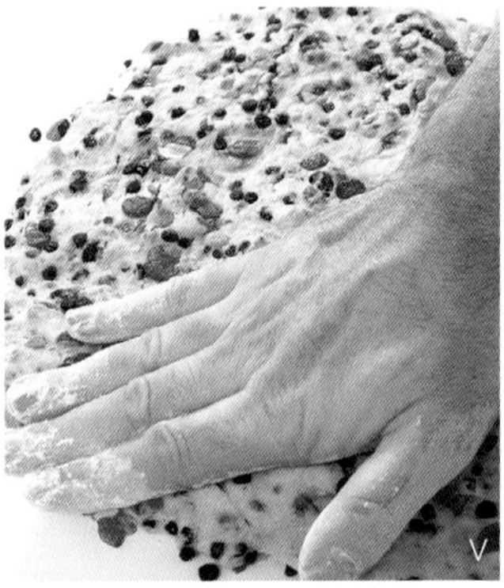
v

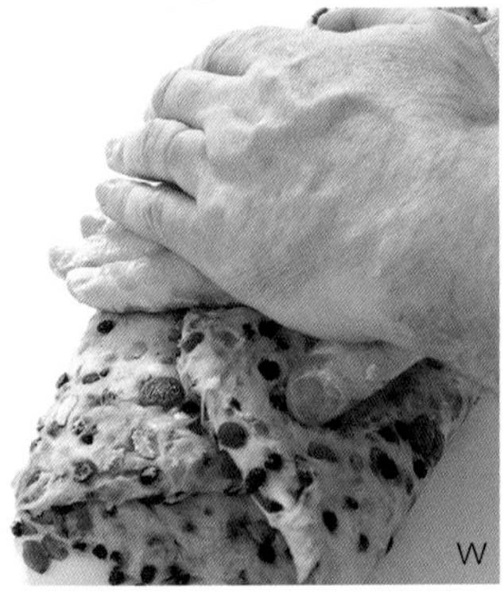
w

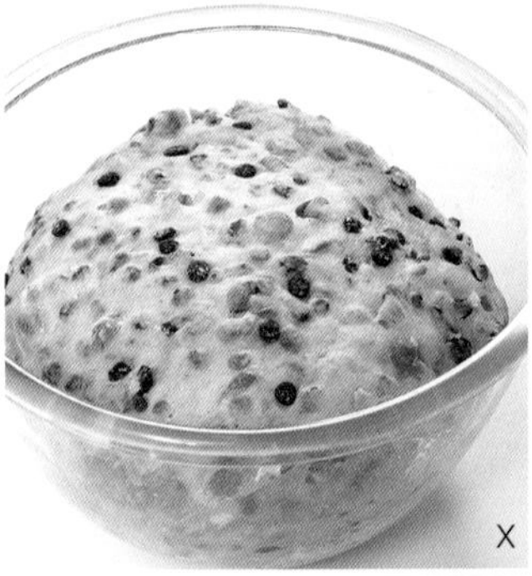
x

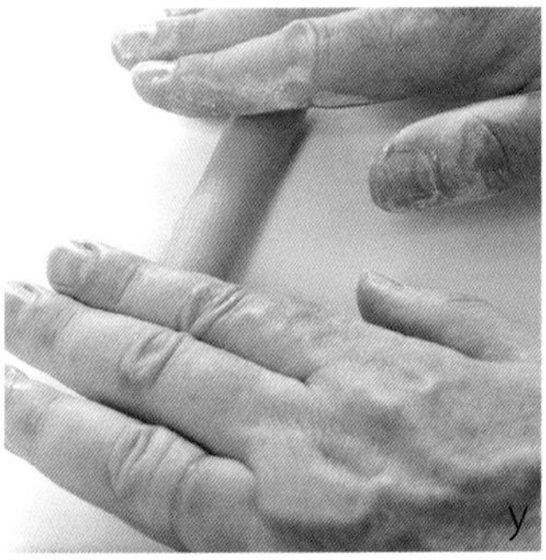
y

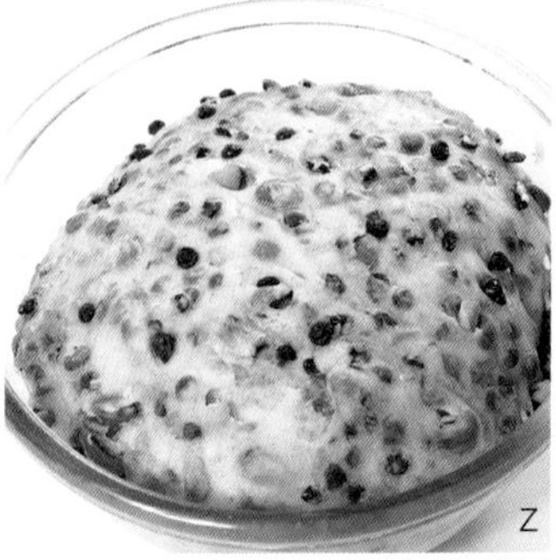
z

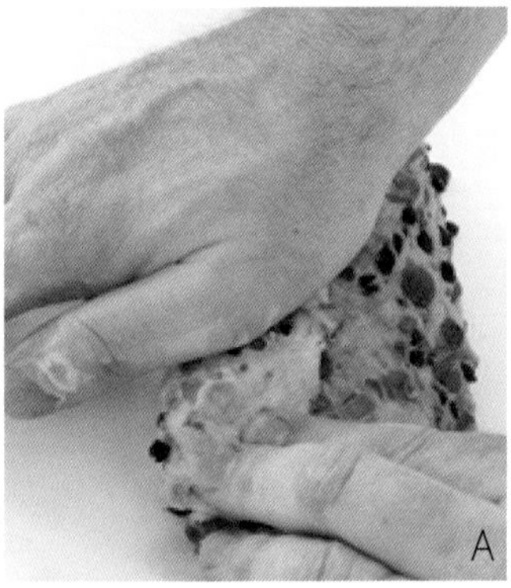
A

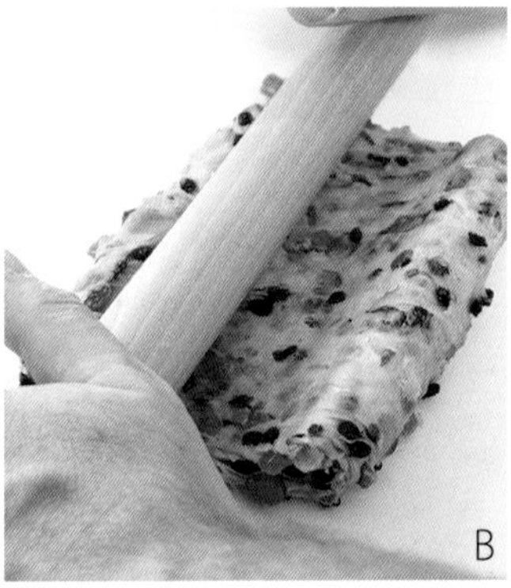
B

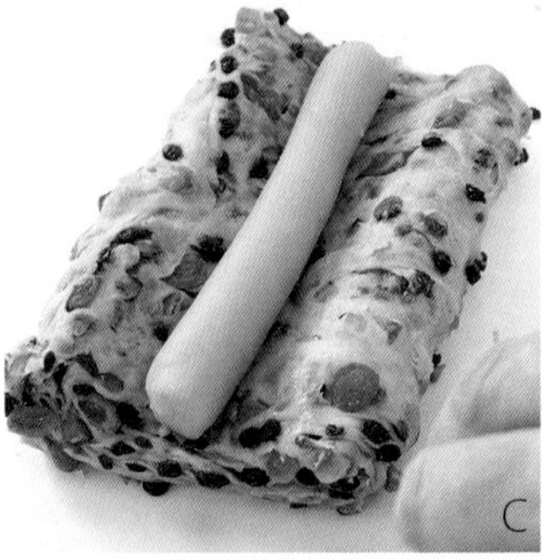
C

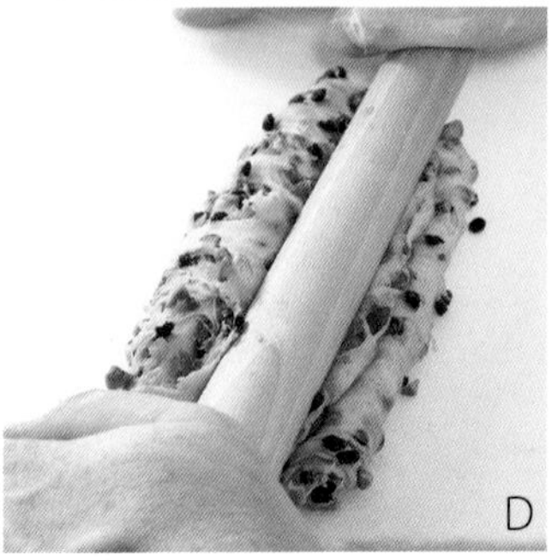
D

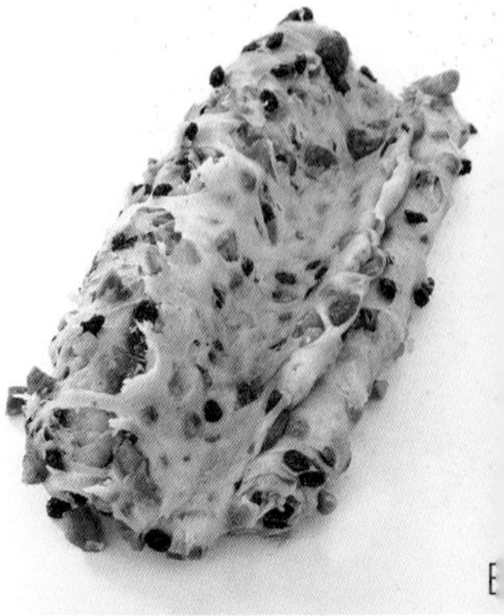
E

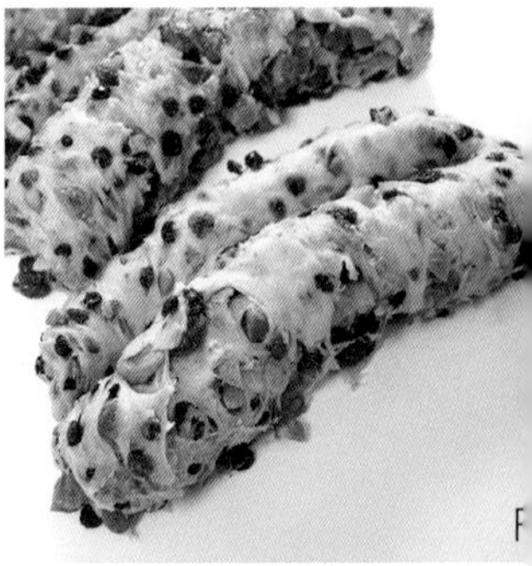
F

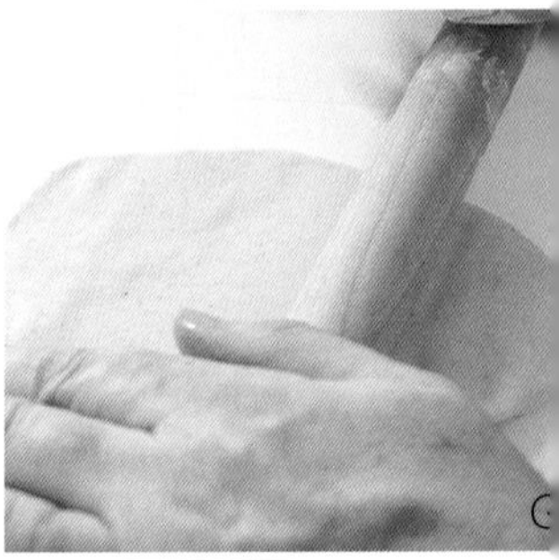
G

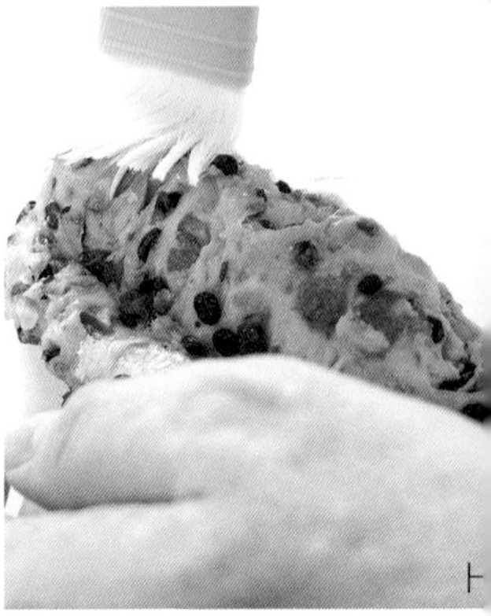
H

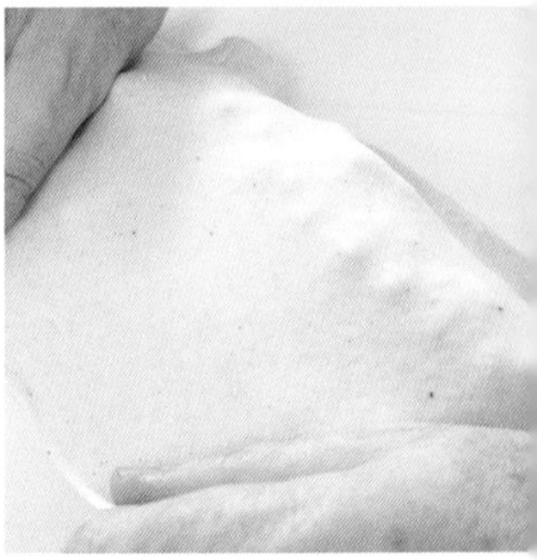

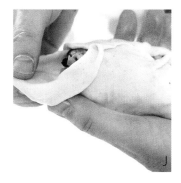

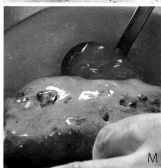

作法

→第45頁的接續

7　麵團整體漲大一圈(u)，取出放置在工作檯上，以手掌按壓整體麵團使其排氣(v)，再折疊成三折疊後按壓(w)，並由左右兩側向內折疊後按壓，使其確實排出氣體。麵團接合處朝下地放回缽盆中，再次放置於房間的溫暖處使其發酵(x)。

8　將300g 的杏仁膏分切成60g 的5等分，搓揉成長15cm 的條狀(y)。

9　當7的麵團膨脹至1.5～2倍後(z)，取出放置於工作檯上，用手按壓整體麵團，將350g 的麵團用刮刀或刀子分割成12 x 20cm 的大小。分割好的麵團橫向放置，用手按壓整體麵團後，將邊緣依序由外側向內及身體方向朝外，確實折入地進行三折疊(A)。

10　在9的麵團正中央，以擀麵棍擀壓(B)。擀壓完成處擺放上8 的杏仁膏(C)。外側麵團朝身體方向折疊，接合處以擀麵棍確實按壓，以包覆杏仁膏(D、E)。

11　翻面後，以擀麵棍按壓的凹陷處為界，將兩側麵團折入，使中央形成凸起的拱型(F)。就像是環抱著嬰兒般的形狀。

12　在第45頁的步驟4中放入冷藏的350g 麵團，切分成5等分的70g，撒上手粉以擀麵棍薄薄地擀壓成足以包覆11的大小(G)。過度擀壓時會使彈力過大而變成橡皮般的口感，務必多加留意。

13　在11上以毛刷薄薄地刷塗水分(用量外)(H)，覆蓋上12 (I)。為使能呈現出平整的表面，將麵團拉開延展地貼合至底部(J)。放置在房間溫暖處約2小時左右，使其發酵(K)。

14　擺放在舖有烤盤紙的烤盤上(L)，放入以170℃預熱的烤箱中，約烘烤50～60分鐘。

15　完成烘烤後，趁熱沾裹上清澄奶油(M)，放置在網架上放涼。待其冷卻後沾裹上肉桂粉(N)。

手打蛋糕
Gâteau battu

材料（1個使用麵團450g，約4個的用量）

 高筋麵粉　600g

 細砂糖　250g

 蛋黃　400g

 牛奶　150g

 新鮮酵母　60g

 鹽（鹽之花）　10g

 無鹽奶油　400g

工具

 攪拌機

手打蛋糕模（直徑約
15cm・高14cm）

 烤箱

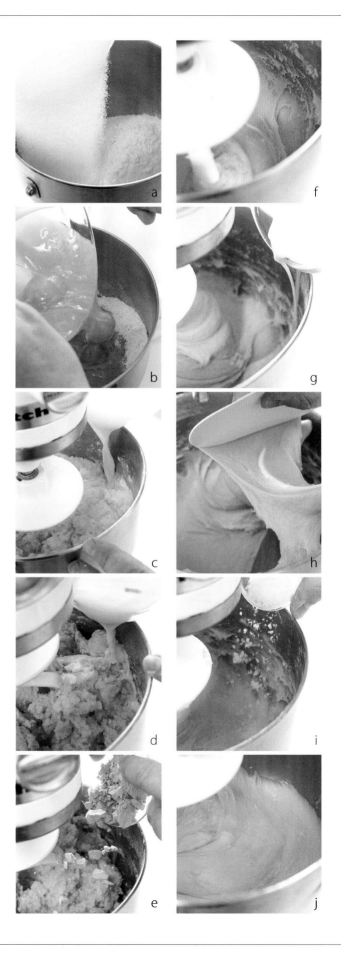

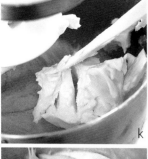

作法

1 將完成過篩的高筋麵粉、細砂糖放入攪拌機缽盆中（a）。加入蛋黃（b），加入後立刻用裝有勾狀攪拌器的攪拌機以中速攪打。接著放入半量的牛奶（c），當加入的牛奶水分消失後，再加入其餘用量的一半（d）、以及剝散的新鮮酵母（e）。

2 攪拌機切換至高速攪打（f），少量逐次地加入其餘的牛奶（g）。作業過程中，為使麵團均勻，不時停止攪拌並刮落沾黏在勾狀攪拌棒上的麵團（h）。

3 麵團整合成團且不沾黏缽盆時，加入鹽（i），再稍加混拌後即停止攪拌，直接放置15分鐘（j）。

4 經過15分鐘後，加入以擀麵棍敲打成均勻軟度的冰冷奶油（k），以高速攪拌約10分鐘左右至麵團整合成團且不沾黏缽盆為止。（l）攪拌揉和完成時的麵團。

5 手打蛋糕模型（m）中薄薄刷塗上奶油（用量外），以濕潤的手放入4的450g麵團（n），放置於房間內溫暖處使其發酵，膨脹至1.5～2倍（o）。

6 待發酵膨脹後（p），擺放在烤盤上，送入以150℃預熱的烤箱中，烘烤約45分鐘。完成烘烤，脫模倒扣在網架上放涼（q）。

內部是細緻且柔軟的質地。剛烘烤完成時最美味，因此建議最好當天食用完畢。

百分百巧克力司康
Scone Carrément Chocolat

材料（約15～20個的用量）

 高筋麵粉 110g

 法國麵包用粉 110g

 泡打粉 14g

 細砂糖 40g

 無鹽奶油 40g

 可可塊（Cacao mass）60g

 牛奶 60g

 高脂鮮奶油（crème double）（乳脂肪成分48%）（※）220g

 可可粒（Grue de cacao）60g

 刷塗用蛋液（請參照第8頁）適量

※ 高脂鮮奶油
（crème double）
Double 的法文就是雙倍的意思，指的是乳脂肪成分高的鮮奶油。具有穩定的酸味。若無法購得時，也可用一般的鮮奶油取代。

工具

 擀麵棍

 攪拌機

 橡皮刮刀

 環形模（直徑4.5cm）

 毛刷

 烤盤紙

 烤箱

a

b

c

d

e

f

g

h

i

j

作法

1 以擀麵棍敲打冰涼的奶油使其具有均勻軟度（a）。

2 將完成過篩的高筋麵粉和法國麵包用粉、泡打粉、細砂糖以及1的奶油，放入攪拌機缽盆中混合（b）。以中速攪打混拌至材料成為砂狀般鬆散狀態為止（c）。

3 隔水加熱可可塊，或以微波爐加熱至40℃左右使其融化，牛奶分2次加入，以橡皮刮刀混合拌勻（d），製作成滑順的甘那許（e）。

4 在2的攪拌機缽盆中放入3的甘那許、高脂鮮奶油（f）。再稍加混拌後，立即停止並加入可可粒（g），再次進行攪拌至材料完全混合為止（h）。要注意過度混拌時會導致變硬。

5 將麵團取出放置在保鮮膜上，表面也覆蓋上保鮮膜，以手掌按壓使其平坦後，再以擀麵棍擀壓成1.5cm的厚度（i）。冷藏至可用切模按壓的硬度。

6 以直徑4.5cm的環形模按壓麵團（j）。其餘的麵團重新整合擀壓再次按壓出形狀。

7 排放在舖有烤盤紙的烤盤上，用毛刷在表面刷塗蛋液。放入以180℃預熱的烤箱中，用160℃烘烤約12分鐘。完成烘烤時，放置在網架上冷卻。

mémo

■ 甘那許的溫度過高時，會導致麵團中的奶油融化，因此可可塊請以40℃融化。

50

Scone Carrément Chocolat
百分百巧克力司康

附上凝脂奶油（Clotted cream）與橙皮果醬，
請在下午茶時光享用吧。

可頌麵團
Pâte à croissant

使用此基本麵團的維也納麵包

可頌
→ 第54頁

巧克力開心果麵包
→ 第56頁

伊斯巴翁可頌
→ 第57頁

材料（麵團約1200g）

高筋麵粉　255g

法國麵包用粉　255g

脫脂奶粉　15g

鹽（鹽之花 fleur de sel）
12g

細砂糖　72.5g

新鮮酵母　12.5g

礦泉水　155g

無鹽奶油　35g

牛奶　100g

無鹽奶油（折疊用）　290g

混拌

新鮮酵母加入礦泉水中。如此提早混拌可以縮短攪拌的時間，抑制麵筋的形成。

在攪拌缽盆中放入混合完成過篩的高筋麵粉和法國麵包用粉、脫脂奶粉、鹽、細砂糖混拌。

接著放入軟化的奶油。

加入完成混拌的 1 以及常溫狀態的牛奶。

5

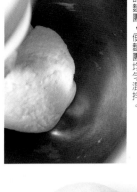

立刻用裝有勾狀攪拌棒的攪拌機，以低速攪打揉和至材料混拌均勻為止（照片）。過程中刮落沾黏在勾狀攪拌棒上的麵團，使麵團均勻混拌。

6

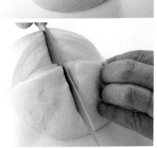

取出放至工作檯上，使表面呈光滑狀地進行滾圓（上方照片）。用刀子在麵團中央劃切出十字切紋（下方照片）。

7 靜置於冷藏室

翻開劃切出切紋的部分，用手攤平。避免麵團乾燥地包覆保鮮膜，放置於冷藏室確實冷藏至麵團變硬為止，或是放入冷凍室。

8 包覆奶油

由冷藏室取出冰冷的奶油（折疊用），邊以擀麵棍敲打使其硬度均勻，邊將其擀壓成 15 x 15cm 的正方形。並均勻其厚度。若變得過度柔軟時，請再放回冷藏。

從冷藏室（冷凍室）取出7的麵團，用擀麵棍將其擀壓成厚度均勻，且較奶油略大的尺寸（25cm 左右）。

13

擀壓成厚1cm左右。長度是寬度的3倍左右。

17

擀壓成1cm的厚度，再與步驟14～15同樣地三折疊麵團，用擀麵棍按壓。包覆保鮮膜，置於冷藏室冷卻全體麵團。

如上方照片般在9的麵團上擺放8的奶油。提起麵團的四角包覆住奶油。麵團接合處確實按壓使其固定。

14

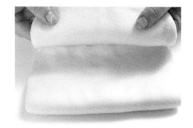

首先由外側向內折入1/3（上方照片）。接著由身體向前折入1/3（下方照片）。

18 折疊（第3次）

麵團連結處朝左放置，再次依照步驟11～15，進行相同步驟擀壓麵團並三折疊、以擀壓棍擀壓。包覆保鮮膜，置於冷藏室冷卻30分鐘～1小時。

19 進入各種維也納麵包的製作，進行**分割、滾圓、整型、最後發酵、烤焙、裝飾**等步驟。

11 折疊（第1次）

在工作檯上撒放手粉，同時以擀麵棍由中央開始朝上方、朝下方地重覆滾動擀壓麵團。最重要的是使奶油與麵團都能均勻擀壓。

15

將麵團轉動90度，擀麵棍縱向地少量逐次地按壓全體麵團，再改以橫向按壓全體。避免麵團乾燥地包覆保鮮膜，放置於冷藏室確實冷藏（至少冷卻1小時30分鐘）。

mémo

■ 進行作業時，為抑制麵團的發酵以及避免奶油融化，應儘量降低室溫。

■ 進行折疊作業後，確實冷卻麵團是非常重要的關鍵。麵團一旦發酵就會變得柔軟，用擀麵棍擀壓時奶油會因而被切斷而無法均勻擀壓，烘烤後就無法出現漂亮的層次。並且即使是作業過程中，一旦麵團變得柔軟，就必須再次放入冷藏室冷卻。

■ 以手揉和時，請參照第26頁「二次冷藏發酵皮力歐許麵團」的步驟1～10。

12

不時地改變轉動麵團的方向，使奶油能均勻地擀壓開。

16 折疊（第2次）

由冷藏室取出麵團連結處朝左放置，依照步驟11～13，進行相同作業並將麵團擀壓成1cm厚。

可頌
Croissant

材料（每1個使用麵團75g，約14～15個的用量。製作方法請合併參照第52頁）

• 可頌麵團

 高筋麵粉 255g

 法國麵包用粉 255g

 脫脂奶粉 15g

 鹽（鹽之花 fleur de sel） 12g

 細砂糖 72.5g

 新鮮酵母 12.5g

 礦泉水 155g

 無鹽奶油 35g

 牛奶 100g

 無鹽奶油（折疊用） 290g

 刷塗用蛋液（請參照第8頁） 適量

工具

 攪拌機

 擀麵棍

 尺

 烤盤紙

 毛刷

 烤箱

a

b

c

d

e

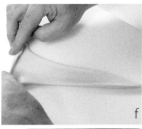

f

g

h

 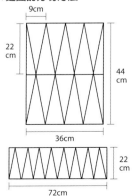

作法

1 與第52頁「可頌麵團」1～18相同步驟地製作麵團。

2 從冷藏室取出1的基本麵團（a），邊90度轉動麵團（b），邊用擀麵棍迅速擀壓成厚度3～4mm、44 x 36cm的長方型，44cm的邊對切成22cm（c）（也可以擀壓成22 x 72cm，即可不切半地直接使用）。儘可能減少手粉的使用。

3 間隔9cm地做出標記並分切（請參照下圖），作成底邊9cm・高22cm的三角形（d）（1個75g）。置於冷藏室冷卻5分鐘。

4 底邊放置於上方，尖端朝下地延展麵團（e）。折起底邊並開始捲起（f），直接捲至身體方向的尖端部分（g、h）。

5 捲好的開口朝下，並排在鋪有烤盤紙的烤盤上（i），放置在房間內溫暖處使其發酵，膨脹至1.5～2倍。

6 麵團整體漲大一圈呈鬆弛狀態後，用毛刷輕輕刷上刷塗用蛋液（j）。放入以180℃預熱的烤箱中，烘烤約15分鐘。完成烘烤後放置於網架上，使其放涼。

mémo

■ 捲起麵團時，要注意避免捲得過緊。一旦過度緊實，在烘烤時就無法膨脹起來。

■ 步驟4之後，也可以冷凍保存。但若發酵持續進行就無法保存，因此必須在麵團冰涼時進行作業，並迅速地放入冷凍室。

★麵團的分切方法

9cm

22cm

44cm

36cm

22cm

72cm

Croissant

可頌

我喜歡聽到享用可頌之際，
以手撕開時產生「可頌的呼喊」。
完美製作出的可頌，有酥脆的表層，內側則是膨鬆柔軟，
「可頌的呼喊」正是此種麵團特有的乾脆聲音。

Pain au chocolat et pistache
巧克力開心果麵包

隱約微苦的開心果，
更能襯托出巧克力的風味。

Croissant Ispahan
伊斯巴翁可頌

古代波斯的城市「伊斯巴翁 Ispahan」曾以薔薇園而聞名，
在《Pierre Hermé Paris》，
玫瑰、覆盆子及荔枝組合而成
"Fetish"（具誘惑）的風味，就是以此城市為名。

巧克力開心果麵包
Pain au chocolat et pistache

材料

• 可頌麵團

（每1個使用麵團約80g，約15個的用量。製作方法請合併參照第52頁）

 高筋麵粉　255g

 法國麵包用粉　255g

 脫脂奶粉　15g

 鹽（鹽之花 fleur de sel）　12g

 細砂糖　72.5g

 新鮮酵母　12.5g

 礦泉水　155g

 無鹽奶油　35g

 牛奶　100g

 無鹽奶油（折疊用）290g

• 黑巧克力棒

（Bâtons de chocolat noir）

（8 x 20cm 方框模1個的用量）

 苦甜巧克力（VALRHONA 公司「ARAGUANI」/ 可可成分72%）　230g

• 開心果杏仁膏

（每1個使用 15～20g，約 10～14個的用量）

 杏仁膏（杏仁果65%）180g

 開心果泥　18g

 開心果　15g

 覆面糖霜（glace a l'eau）（請參照第18頁）　適量

 開心果　適量

工具

 攪拌機

 擀麵棍

 尺

 缽盆

 溫度計

 橡皮刮刀

 方框模（8 x 20cm）

 烤盤紙

 毛刷

 烤箱

 方型淺盤

 網架

a

b

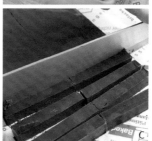

c

d

e

f

g

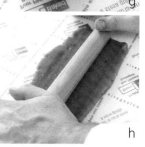

h

i

j

k

作法

<可頌麵團（基礎麵團製作）>

1 與第52頁「可頌麵團」1～18相同步驟地製作麵團。

<黑巧克力棒>

1 調溫巧克力。切碎的巧克力隔水加熱至50～55℃融化後，墊放冰水使其溫度降至27～29℃，隔5秒後再次隔水加熱至31～32℃（a）。以橡皮刮刀大幅攪動，調整使全體成為均一的溫度。

2 調溫巧克力倒入底部鋪有保鮮膜的8x20cm方框模內（b）。一旦放入冷藏室就會難以分切，因此直接放置於常溫中。

3 凝固後，從方框模中取出，切成8x1cm的長方形（c）。

<開心果杏仁膏>

1 開心果放入160℃的烤箱烘烤約10分鐘，切成粗粒備用（d）。

2 混合杏仁膏、1的開心果、開心果泥（e），以攪拌機混合拌勻（f）。用手混拌時則使用刮板。

3 整合成團後，取出放置於烤盤紙上（g），用擀麵棍壓成厚2mm、寬20cm的長方形（h）。放入冷藏室冷卻。

4 對半切分後，以寬7cm的大小分切，使其成為10x7cm的長方形（i）。

<可頌麵團>（整型～完成）

1 由冷藏取出<可頌麵團>的基本麵團，邊90度轉動麵團邊用擀麵棍擀壓成厚度3～4mm、寬24cm的長方型（j）。對半切分使寬度成為12cm，再以9cm的寬度分切，使其成為12x9cm的長方形（每個約80g）（k）。也可以擀壓成12cm，就可以不對半切地直接使用。麵團不易擀壓或不易切分時，可以先放入冷藏靜置。

2 將開心果杏仁膏放置在分切好的麵團上，再擺放上黑巧克力棒（l）。麵團的外側彷彿包覆巧克力般地朝身體方向折疊，輕輕按壓（m）。沿著重疊處再次折入（n、o）。

3 接合處朝下地排放在鋪有烤盤紙的烤盤上（p）。放置在房間內溫暖處使其發酵，膨脹至1.5～2倍。

4 麵團整體漲大一圈呈鬆弛狀態後，用毛刷輕輕刷上刷塗用蛋液（q）。放入以175℃預熱的烤箱中，烘烤約15分鐘。

5 完成烘烤後，在表面溫熱時，沾裹上常溫的覆面糖霜（r），擺放網架上，立刻撒上以160℃烘烤約10分鐘的開心果粗粒（s,t）。

mémo

■ 整型麵團時，必須注意避免捲得過度緊實。如此會使烘烤時鼓起部分變少而無法膨脹起來。

伊斯巴翁可頌
Croissant Ispahan

材料

• 可頌麵團
（每1個使用麵團約75g，約14～15個的用量。製作方法請合併參照第52頁）

 高筋麵粉　255g

 法國麵包用粉　255g

 脫脂奶粉　15g

 鹽（鹽之花 fleur de sel）　12g

 細砂糖　72.5g

 新鮮酵母　12.5g

 礦泉水　155g

 無鹽奶油　35g

 牛奶　100g

 無鹽奶油（折疊用）290g

• 覆盆子荔枝果凍
（21 x 15cm 的方框模1個的用量）

 礦泉水　30g

 覆盆子果泥　120g

 細砂糖　22g

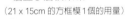 結蘭膠（gellan gum）（SOSA 公司製作的凝膠劑。請參照第22頁）3g

 荔枝果肉　150g

• 玫瑰杏仁膏
（每1個使用 15～20g，約10～13個的用量）

 杏仁膏（杏仁果65%）200g

 玫瑰香萃（Rose essence）1.2g

 食用色素（覆盆子色）適量（沒有亦可）

 刷塗用蛋液（請參照第8頁）適量

 覆面糖霜（glace a l'eau）（請參照第18頁）適量

 冷凍乾燥覆盆子　適量

工具

 攪拌機

 擀麵棍

 尺

 鍋子

 攪拌器

 溫度計

 方框模（21 x 15cm）

 烤盤紙

 毛刷

 烤箱

 方型淺盤

 網架

覆盆子荔枝果凍

a

b

c

d

e

f

g

玫瑰杏仁膏

h

i

j

k

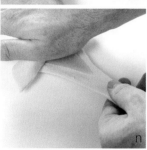

★麵團捲起方式

玫瑰杏仁膏　　　覆盆子荔枝果凍

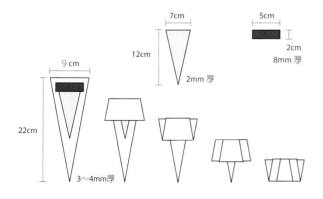

作法

＜可頌麵團（基礎麵團製作～分割）＞

1 與第54頁「可頌」1～3相同步驟地製作麵團，擀壓成3～4mm的厚度，切分成底邊9cm・高22cm的三角形，放入冷藏室冷卻。

＜覆盆子荔枝果凍＞

1 荔枝1顆切分成8等分(a)。

2 在鍋中放入礦泉水、覆盆子泥混拌，以攪拌器邊混拌邊加熱(b)。

3 細砂糖和結蘭膠混合備用(c)。

4 待2達40℃時，加入3混合(d)。邊混拌邊煮至沸騰。

5 沸騰後離火，倒入底部舖有保鮮膜的21 x 15cm的方框模內(厚約8mm左右)(e)。立刻放入1的荔枝丁(f)。果凍會立刻凝固，因此荔枝要事先切好，立即撒放。

6 待稍稍降溫後放入冷藏冷卻。凝固後在邊緣插入抹刀使其脫模，切成2 x 5cm的長方形(g)。放入冷藏室冷卻。

＜開心果杏仁膏＞

1 杏仁膏中混入玫瑰香萃(h)、食用色素混合後，以攪拌機混合拌勻(i)。用手混拌時則使用刮板。

2 整合成團後，取出放置於烤盤紙上，用擀麵棍擀壓成厚2mm、寬12cm的長方形(j)。放入冷藏室冷卻。

3 參照第54頁「可頌」的「麵團的分切方式」圖，分切成底邊7cm・高12cm的三角形(k)。

＜可頌麵團＞（整型～完成）

1 切成三角形的可頌麵團，底邊放在上端，略留空間地如照片般擺放玫瑰杏仁膏和覆盆子荔枝果凍(l)。

2 彷彿包覆果凍般地捲起麵團(m)，朝身體方向捲動(參考下圖「麵團捲起方式」)。尖端部分，如照片般先以單手拉住，往尖端方向捲起(n)。

3 接合處朝下排放在舖有烤盤紙的烤盤上(o)。放置在房間內溫暖處使其發酵，膨脹至1.5～2倍。

4 麵團整體漲大一圈呈鬆弛狀態後，用毛刷輕輕刷上刷塗用蛋液(p)。

5 放入以180℃預熱的烤箱中，烘烤約15～18分鐘。

6 完成烘烤後，立刻在表面沾裹上常溫的覆面糖霜(q)，擺放在墊放網架的方型淺盤上，撒上乾燥的覆盆子碎粒(r)。

Kouign-amann
法式焦糖奶油酥

是法國西部布列塔尼地區的著名糕點，
兼具柔和風味、硬脆以及酥鬆口感的獨特魅力，
而添加於其中的焦糖和含鹽奶油，更大幅提升它的美味程度。

Pain cannelle et raisins
肉桂葡萄乾麵包

傳統著名甜點麵包「丹麥麵包Danish」的最高層級，
添加了肉桂及葡萄乾。

法式焦糖奶油酥 1

Kouign-amann

材料

(每1個使用麵團80g,約22個的用量。)

 高筋麵粉 300g

 法國麵包用粉 300g

 鹽(鹽之花 fleur de sel) 19g

 新鮮酵母 11g

 礦泉水 327g

 含鹽奶油 23g

 含鹽奶油(折疊用) 465g

 細砂糖(折疊用) 400g

工具

 攪拌機

 擀麵棍

 尺

 環形模
(直徑8cm・高2cm)

 烤盤紙

 毛刷

 烤箱

a

b

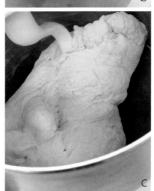

c

d

e

f

g

h

i

j

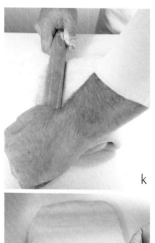

k

p

l

q

m

r

n

o

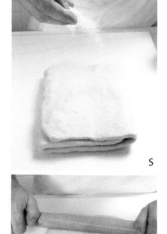

s

t

作法

1　剝散的新鮮酵母與部分礦泉水混合。

2　在攪拌機缽盆中放入完成過篩的高筋麵粉和法國麵包用粉、鹽混合，加入放置至柔軟的奶油(a)。

3　混拌1加入(b)，再加入其餘的礦泉水。

4　立刻用裝有勾狀攪拌棒的攪拌機以低速進行攪拌，至混拌均勻(c)。過程中，刮落沾黏在勾狀攪拌棒的麵團，使整體麵團均勻混拌。

5　取出放至工作檯上，使表面呈光滑狀地進行滾圓。用刀子在麵團中央劃切出十字切紋(d)。翻開劃切出切紋的部分，用手攤平。避免麵團乾燥地包覆保鮮膜(e)，放置於冷凍室確實冷卻至麵團變硬為止。法式焦糖奶油酥的麵團較可頌更為柔軟，因此放入冷凍室冷卻較佳。

6　由冷藏室取出冰冷的奶油，邊以擀麵棍敲打使其硬度均勻(f)，邊將其擀壓成厚1cm、寬20cm的四方形。應注意避免過度觸摸。

7　取出5的麵團，邊薄薄撒上手粉邊用擀麵棍將其均勻地擀壓成厚1～1.5cm、寬25cm左右的長方形(g)。

8　在7的麵團外側上擺放6的奶油(h)，首先由身體方向的麵團向前折疊(i)，接著由外側向內折疊(j)，包覆住奶油。

9　將麵團轉動90度，麵團連結處朝左放置。擀麵棍縱向地少量逐次地按壓全體麵團(k)，再將擀麵棍改以橫向，同樣地少量逐次地按壓全體。

10　直接以這個方向擀壓成1cm的厚度(l)。擀麵棍由中央開始朝上方外側、朝下往身體方向地重覆滾動，使奶油與麵團都能均勻擀壓。

11　進行第1次折疊。首先由外側向內折入1/3(m)，接著由身體向前折入1/3地進行三折疊。與9相同地以擀麵棍輕輕按壓，避免麵團乾燥地包覆保鮮膜(n)。放入冷凍室至完全冰冷為止。

12　進行第2次折疊。由冷凍室取出麵團，麵團連結處朝左放置。邊薄薄撒上手粉邊與10相同地用擀麵棍擀壓成1cm的厚度(o)，與11相同地進行三折疊(p)。用保鮮膜包覆放入冷凍室。接下來的作業，是將細砂糖撒入麵團中間，因此這裡不用擀麵棍按壓麵團。

13　由冷凍室取出麵團，麵團連結處朝左放置。打開麵團，在中央位置撒上折疊用細砂糖(q)。折疊右側，在表面撒放細砂糖(r)，左側也折疊後在表面撒放細砂糖(s)。用擀麵棍按壓麵團(t)。

→ 接續第66頁

法式焦糖奶油酥 2
Kouign-amann

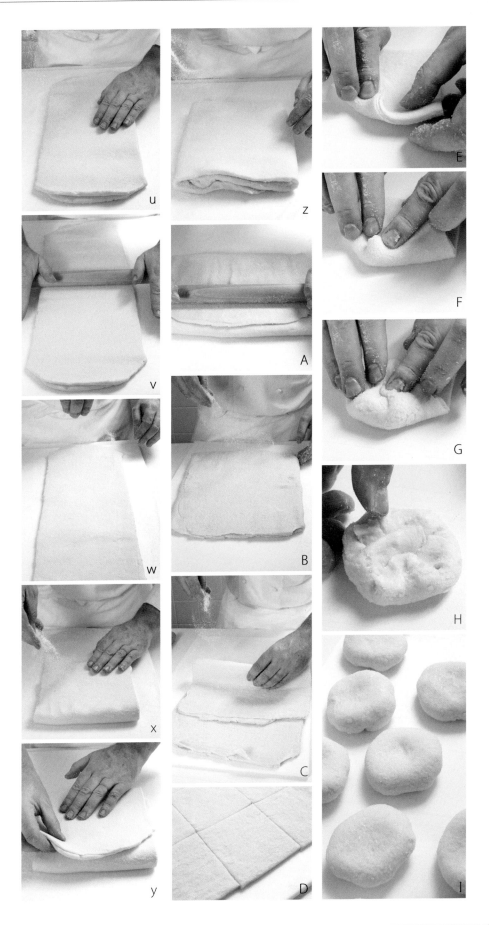

作法

→ 第65頁的接續

14 進行第3次折疊。直接以此方向擀壓後，撒上細砂糖（u），擀壓成1cm的厚度（v）。在麵團下方撒放細砂糖，翻轉麵團，在三折疊時的正中央位置撒放細砂糖（w）。由外側折入1/3，在表面撒放細砂糖（x）。身體方向折入1/3（y），在表面撒放細砂糖。翻面撒放細砂糖（z），以擀麵棍按壓。以保鮮膜包覆，放入冷凍室確實冷卻。

15 由冷凍室取出，邊逐次微微轉動麵團，邊以擀麵棍擀壓成4mm左右的厚度（A）。此時，邊在麵團表面及工作檯上撒放細砂糖邊進行擀壓（B、C）。將折疊用細砂糖完全用完。在此放入冷藏室（冷凍室）5分鐘，可以更方便下個作業的分切。

16 分切成10 x 10cm的正方形（1個80g）（D）。麵團如下圖般進行7次折疊（E、F、G），使其成為圓形（H）。麵團接合處朝下地放置（I）。

17 在烤盤上鋪放烤盤紙，用毛刷沾取融化奶油（用量外）薄薄地刷塗（J）。撒放細砂糖（用量外），甩落多餘細砂糖後再次撒放（K）。

18 在烤盤上排放直徑8cm的環形模，將16的麵團兩面撒上細砂糖（L），接合處朝上地放入環形模當中（M）。放置在房間溫暖處使其發酵膨脹。

19 當麵團膨脹鬆弛後（N），放入以170℃預熱的烤箱中，約烘烤20分鐘。完成烘烤後，放置在網架上冷卻。

★麵團的折疊方式

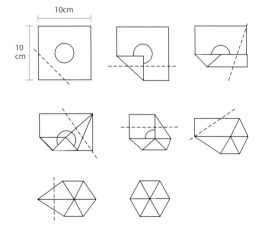

肉桂葡萄乾麵包
Pain cannelle et raisins

材料

• 千層皮力歐許
（每1個約使用麵團55g，約26個。）

 高筋麵粉　280g

 法國麵包用粉　280g

 細砂糖　37g

 脫脂奶粉　28g

 新鮮酵母　40g

 鹽（鹽之花 fleur de sel）　6.7g

 全蛋　115g

 礦泉水　235g

 無鹽奶油（折疊用）450g

• 肉桂杏仁奶油餡
（使用550g）

 無鹽奶油　110g

 糖粉　110g

 杏仁粉　110g

 肉桂粉　8.6g

 全蛋　66g

 卡士達粉（或玉米澱粉）　11g

 蘭姆酒　8.6g

 卡士達奶油餡（請參照第34頁）　180g

 黃金葡萄乾　370g

• 糖霜肉桂胡桃
（1個使用15g，約20個的用量）

 胡桃　75g

 無鹽奶油　67g

 鮮奶油　22g

 葡萄糖　35g

 鹽（鹽之花）　1g

 蔗糖　90g

 肉桂粉　1.5g

工具

 缽盆

 攪拌器

 攪拌機

 擀麵棍

 抹刀

 環形模
（直徑8cm・高2cm）

 烤盤紙

 鍋子

 耐熱橡皮刮刀

 烤箱

肉桂杏仁奶油餡

a

b

c

千層皮力歐許

d

e

f

g

h

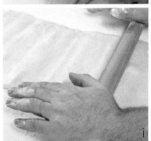
i

j

k

l

r

m

s

糖霜肉桂胡桃

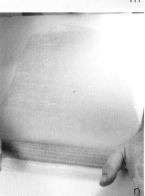

t

n

烘烤

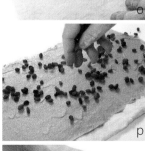

o

v

p

q

w

作法

<肉桂杏仁奶油餡>

1 在缽盆中混合放入置於常溫呈乳霜狀的奶油、糖粉、杏仁粉、肉桂粉(a)，用攪拌器混拌。

2 混拌後加入全蛋(b)，充分混拌使其確實乳化。

3 混拌至滑順後，加入卡士達粉混拌，再加入卡士達奶油餡和蘭姆酒混拌均勻(c)。

4 移至容器，表面貼合地覆蓋上保鮮膜，保存於冷藏室。

<千層皮力歐許>

1 在攪拌機缽盆中放入完成過篩的高筋麵粉和法國麵包用粉、細砂糖、脫脂奶粉、剝散的新鮮酵母、鹽混合，再加入全蛋、礦泉水。砂糖與新鮮酵母有距離地分開放置。

2 用裝有勾狀攪拌棒的攪拌機以低速進行攪拌，約攪打2分鐘至混拌均勻(d)。

3 混拌後取出壓平，包覆保鮮膜放入冷凍室(e)。過度混拌時會產生麵筋，而影響之後的折疊作業難以進行，務請多加注意。

4 由冷藏室取出冰冷的奶油，以擀麵棍敲打使其硬度均勻。

5 由冷藏取出麵團，邊薄薄撒上手粉邊用擀麵棍將其均勻地擀壓成厚1cm、寬30cm左右的長方形。由麵團外側2/3處塗抹4的奶油(f)，由身體方向朝外折入1/3 (g)，外側也朝內折入1/3。微微逐次地移動擀麵棍的位置，按壓全體麵團(h)。

6 進行第1次折疊。麵團連結處朝左放置，薄薄地撒上手粉後，以擀麵棍由中央開始朝上方、朝下方地重覆滾動擀壓麵團，邊將其擀壓成厚1cm左右的縱向長方形(i)。此時麵團與奶油硬度相同，會較容易擀壓。由外側向內折入1/3，接著由身體向前折入1/3，以進行三折疊(j)。用擀麵棍按壓麵團全體，避免乾燥地以保鮮膜包覆，放置於冷凍室使其確實冷卻。

7 進行第2次折疊。由冷凍庫取出麵團，麵團連結處朝左放置。與6同樣地邊撒上手粉邊以擀麵棍擀壓，並進行三折疊(k、l)。用擀麵棍按壓後包覆保鮮膜，置於冷凍室冷卻。

8 與7進行相同作業，進行第3次的折疊(m)。邊90度轉動麵團，邊用擀麵棍擀壓成厚3mm、寬23cm左右的長方形(n)。

9 身體方向的麵團稍留下空間地，以抹刀均勻推開肉桂杏仁奶油餡(o)，散放黃金葡萄乾(p)。由外側朝內圈狀捲起(q)，放入冷藏室約5分鐘。

10 將直徑8cm·高2cm的環形模排放在舖有烤盤紙的烤盤上，模型內側放入烤盤紙。

11 輕輕滾動9的麵團略略擀壓，分切成寬度2cm (1個約90g)的大小(r)，切面朝上地放入模型中。放置於房間內溫暖之處，使其發酵膨脹至1.5～2倍。

<糖霜肉桂胡桃>

1 在<千層皮力歐許>最後發酵完成前，製作糖霜肉桂胡桃。在鍋中放入奶油加熱，加入鮮奶油、葡萄糖、鹽、蔗糖，以橡皮刮刀混合拌勻，再加入肉桂粉混拌(t)。

2 加入切成粗粒的胡桃混拌(u)，離火。

<完成>

1 <千層皮力歐許>發酵膨脹一圈後，每個擺放上15g溫熱的糖霜肉桂胡桃(w)。模型側面若沒有烤盤紙，則烘烤時糖霜肉桂胡桃融化流下，會導致無法脫模，請多加注意。

2 放入以180℃預熱的烤箱中，約烘烤11分鐘。完成烘烤後，脫模並去除烤盤紙，放置在網架上冷卻。

千層麵團
Pâte feuilletée

使用此基本麵團的維也納麵包

杏桃酥餅
→ 第72頁

杏仁國王派
→ 第73頁

柳橙脆派
→ 第78頁

勝利國王派
→ 第79頁

香料脆餅
→ 第84頁

材料（麵團約1330g）

• 奶油麵團（beurre farine）

 無鹽奶油　435g

 高筋麵粉　175g

• 基本麵團（détrempe）

 高筋麵粉　200g

 低筋麵粉　200g

 無鹽奶油　130g

 鹽（鹽之花 fleur de sel）
20g

 礦泉水　170g

 醋　3g

奶油麵團的混拌

1

混合完成過篩的高筋麵粉和切成片狀的奶油。以裝有勾狀攪拌棒的攪拌機低速攪打。奶油30分鐘前由冷藏取出，仍冰冷但不會過硬的狀態。一旦其中飽含了空氣，會使得奶油的質感產生變化，折疊時無法漂亮地形成層次，因此要注意避免空氣混入地緩慢攪拌。

2

混拌至大致均勻的程度後，停止攪拌，用刮板將殘留的奶油塊撥入混合。

3

再次進行攪拌，至全體均勻混合為止。

4

攤放保鮮膜，用刮刀將3整合成15cm的正方形。在此整理成漂亮的正方型，就能減少後面的擀壓次數。

5

用保鮮膜包覆，放入冷藏至少半天以上，使其確實冷卻。

基本麵團的混拌

6

在攪拌機缽盆中放入完成混合過篩的高筋麵粉和低筋麵粉，加入呈乳霜狀的奶油。

7

為使鹽能容易溶化地事前先混合鹽和水備用，此時加入醋。以裝有勾狀攪拌棒的攪拌機低速攪打，為使麵團能均勻混拌，過程中刮落沾黏在勾狀攪拌棒上的麵團。

8

當麵團整體均勻混拌後，取出至工作檯上，使表面平整地滾圓，用刀子劃切出十字切紋，用手攤開切紋處，按壓整合成20cm的正方形。

9

避免乾燥地以保鮮膜包覆，放入冷藏室使其確實冷卻。

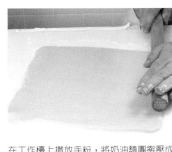

10 以奶油麵團包覆基本麵團

在工作檯上撒放手粉，將奶油麵團擀壓成厚度均勻30cm左右的正方形。在其冰涼狀態下進行作業，一旦麵團變軟時，就必須暫時放回冷藏。

11

如照片般將9的基本麵團擺放在冰涼的奶油麵團上。

12

奶油麵團的四個角朝中央包覆裹住基本麵團。

13

奶油麵團接合處確實使其閉合。

14

用擀麵棍按壓全體。同樣地一旦材料變軟時，就必須暫時放回冷藏。

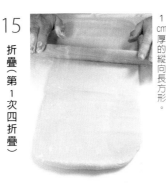

15 折疊（第1次四折疊）

邊撒放手粉，邊以擀麵棍由中央開始朝外側、中央朝身體地重覆滾動使奶油與麵團都能均勻延展，將其擀壓成1cm厚的縱向長方形。

16

單側折入1/7（上方照片），使其確實吻合地折入另一端（下方照片）。

17

固定麵團接合處，再對半折起。將麵團接合位置稍稍偏離正中央，如此就能使麵團全體呈均勻層次了。

18

用擀麵棍按壓全體，以保鮮膜包覆並放入冷藏使其確實冷卻。

19 折疊（第2次四折疊）

麵團連結處朝左放置，與15相同地擀壓成1cm的厚度（上方照片），與16、17相同地進行四折疊（下方照片）。用擀麵棍按壓全體，以保鮮膜包覆並放入冷藏使其確實冷卻。

20 折疊（三折疊）

麵團連結處朝左放置，與15相同地擀壓成1cm的厚度。由身體向外折入1/3（上方照片），再由外側朝內折入1/3，進行最後的三折疊，以保鮮膜包覆並放入冷藏使其確實冷卻。

21

進入各種維也納麵包的製作，進行**分割、滾圓、整型、最後發酵、烤焙、裝飾**等步驟。

＜保存於冷凍室時＞

在步驟20之後，也可以冷凍保存。也可以切分成少量地各別保存。使用時於冷藏室內解凍。

mémo

■ 進行步驟時，為避免奶油融化地儘量降低室溫。

Chausson aux abricots
杏桃酥餅

折疊麵團製作的酥餅（Chausson）中，
包入了薰衣草的芳香及杏桃的酸甜，
完美地呈現和諧風味。

Galette aux amandes
杏仁國王派

在主顯節(Épiphanie)食用的傳統糕點。
主顯節是東方三智者採用占星術而找到耶穌誕生地的基督教節日。
這天吃到藏在國王派中小陶瓷玩偶(Fève)的人,就會成為「國王」或「女王」。
主顯節的儀式由來據說可以回溯至古羅馬時代。
當時農神節(Saturnalia)會舉行無階級的全民歡宴,
而利用隱藏在國王派中的小瓷偶來決定當天的「一日國王」。

杏桃酥餅
Chausson aux abricots

材料

· 千層麵團

（每1個使用麵團60g，約20個的用量。製作方法請合併參照第70頁）

■ 奶油麵團

 無鹽奶油　435g

 高筋麵粉　175g

■ 基本麵團（détrempe）

 高筋麵粉　200g

 低筋麵粉　200g

 無鹽奶油　130g

 鹽（鹽之花 fleur de sel）　20g

 礦泉水　170g

 醋　3g

· 薰衣草風味糖煮杏桃

（每1個使用23g，約20個的用量）

 杏桃（冷凍或新鮮的）
250g

 半乾燥杏桃　25g

 糖煮蘋果（※）　150g

 無鹽奶油　20g

 細砂糖　15g

 食用乾燥薰衣草
0.25g

 香草莢　1/4支

 刷塗用蛋液（請參照第8頁）　適量

 糖漿（※）　適量

※ 糖煮蘋果

糖煮蘋果，雖然是用水和砂糖熬煮製作而成的，但因為容易燒焦所以使用微波爐會更容易。製作方法記載於第75頁。

※ 糖漿

礦泉水45g、細砂糖50g 放入鍋中混合，煮沸製作而成的。

工具

 攪拌機

刮板

擀麵棍

鍋子

耐熱橡皮刮刀

微波爐

尺

毛刷

烤盤紙

烤箱

薰衣草風味的糖煮杏桃

a

b

c

g

h

d

e

i

f

j

k

千層麵團

l

m

n

o

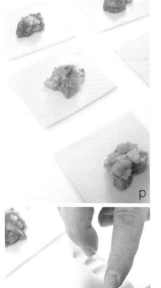

p

q

r

s

t

u

v

作法

<千層麵團(基本麵團製作)>

1　與第70頁「千層麵團」1～20相同步驟地製作麵團備用。

<薰衣草風味的糖煮杏桃>

1　製作糖煮蘋果。蘋果去皮切成4等分(a)，放入耐熱容器內包覆保鮮膜，以微波加熱8分鐘，使其柔軟，瀝乾水分(b)。使用時再以橡皮刮刀壓碎(c)。
2　杏桃每顆分切成4等分(d)。
3　半乾燥杏桃切成5mm的塊狀(e)。
4　在鍋中放入奶油加熱，待奶油融化後加入細砂糖(f)。
5　加入2種杏桃，待其沾裹奶油後，再翻炒2分鐘左右(g)。
6　加入食用薰衣草和由香草莢中刮出的香草籽混拌(h)，熄火。不會流出水分的狀態(i)為佳。
7　加入2的蘋果混拌(j)由鍋中取出放涼(k)。

<千層麵團(整型～完成)>

1　由冷藏取出<千層麵團>的基本麵團(l)，撒上手粉邊90度轉動麵團，邊用擀麵棍迅速擀壓成2mm的厚度(m)。為方便進行分割作業地放置於冷藏5分鐘。麵團過大時，可切成適當大小再放入冷藏。
2　分切成13 x 13cm的正方形(n)。
3　在麵團接合的兩邊，以毛刷薄薄地刷塗水分(用量外)(o)。
4　每個麵團上約放置23g糖煮杏桃(p)。對角線折疊使刷塗水分的兩端與未刷塗的兩端貼合，用手指確實按壓使其接合(q)。
5　在烤盤上舖放烤盤紙，將4的底部作為表面地排放，並以毛刷在表面刷塗蛋液(r)。此時要避免濕濕麵團的切面。放置冷藏30分鐘以上。
6　由冷藏取出，第二次刷塗蛋液(s)。以小刀在表面劃出圖紋(t)，利用刀尖在表面刺出3～4個孔洞(u)。
7　放入以160℃預熱的烤箱中，烘烤約30分鐘。
8　完成烘烤，取出後，立刻以用常溫的糖漿刷塗表面(v)。

mémo

■ 切分時留下的麵團邊緣，可以活用如第84頁的「香料脆餅」，撒放細砂糖烘烤，就能成為很簡單的小點心了。

杏仁國王派
Galette aux amandes

材料

• 千層麵團
(每1個使用麵團180g x 2，約3個的用量。製作方法請合併參照第70頁)

■ 奶油麵團

 無鹽奶油　435g

 高筋麵粉　175g

■ 基本麵團(détrempe)

 高筋麵粉　200g

 低筋麵粉　200g

 無鹽奶油　130g

 鹽(鹽之花 fleur de sel)　20g

 礦泉水　170g

 醋　3g

• 杏仁奶油餡
(1個使用160g)

 無鹽奶油　60g

 糖粉　60g

 杏仁粉　60g

 全蛋　35g

 卡士達粉(或玉米澱粉)　6g

 卡士達奶油餡(請參照第34頁)　70g

 蘭姆酒　6g

 刷塗用蛋液(請參照第8頁)　適量

 糖粉　適量

工具

 攪拌機

 刮板

 擀麵棍

 缽盆

 攪拌器

 毛刷

 環形模

 (直徑18cm)
圓形擠花嘴和擠花袋

 烤盤紙

 烤箱

 濾網

a

b

c

d

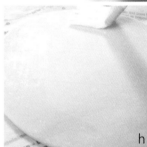

e

f

g

h

i

j

作法

<千層麵團(基本麵團製作)>

1　與第70頁「千層麵團」1～20相同步驟地製作麵團備用。

<杏仁奶油餡>

1　與第19頁「糖薑葡萄乾皮力歐許」的<杏仁奶油餡>相同步驟地製作。

<千層麵團(整型～完成)>

1　由<千層麵團>的基本麵團分切成180g x 2（1個的用量）(a)。將邊角折向中央地整合成圓形(b、c)，麵團接合處朝下地在工作檯上滾動，滾圓成表面光滑的狀態(d)。於冷藏放置5分鐘冷卻。

2　將1用手按平(e)，撒上手粉，邊逐次轉動麵團邊用擀麵棍擀壓成圓形(f)。擀壓成直徑15cm左右，放入冷藏，再次擀壓成2～3mm厚、直徑20cm的大小(g)。

3　擀壓的薄麵團，1個杏仁國王派需要用2片。其中1片的邊緣用毛刷大幅刷塗水分（用量外）(h)。

4　由冷藏取出杏仁奶油餡，以橡皮刮刀混拌至硬度均勻。填入裝有圓形擠花嘴的擠花袋內，在3的麵團上留下邊緣3cm左右的空間，其餘由中央朝外側地絞擠(i)。

5　擺放杏仁果替代小陶瓷玩偶(Fève)，避免空氣進入地覆蓋上另一片麵團(j)。用手指按壓邊緣使其確實貼合(k)。套上環形模，沿著直徑18cm的環形模用小刀劃切(l、m)。

6　邊緣處用刀尖按入使其形成裝飾(n)。表面以毛刷薄薄均勻地刷塗蛋液(o)。放入冷藏約1小時使其冷卻。

7　再次薄且均勻地刷塗蛋液(p)。用小刀由中央朝邊緣方向劃出曲線圖紋(q)。用刀尖在整體麵團上刺出孔洞，製作出氣孔(r)。放入冷藏1小時以上。

8　放置在舖放烤盤紙的烤盤上，以210℃預熱的烤箱中，溫度調降至180℃，烘烤約30分鐘，改變烤盤方向，再烘烤15分鐘（已經呈現烤色時，溫度降至165℃或是在表面覆蓋上鋁箔紙等繼續烘烤）。

9　完成烘烤後，以濾網均勻地篩撒上糖粉。放入220～230℃的烤箱中，待糖粉融化後取出。再次均勻地篩撒上糖粉(s)，放入烤箱，待糖粉融化後取出，即完成光澤的表面。但要注意撒上糖粉後在烤箱烘烤過久可能會導致表面燒焦。

mémo

■ <千層麵團>基本麵團整型成圓形的方法，在第83頁「勝利國王派」的<千層麵團(整型～完成)>的步驟1、2也有。

■ 絞擠奶油餡之後，覆蓋麵團時要注意避免空氣進入。一旦含有空氣，烘烤時會因空氣膨脹而導致麵團破裂。

■ 千層麵團中水分接觸面不容易烘烤，因此奶油餡(含水果等)最多也僅能到180g。

■ 刷塗用蛋液，刷塗在麵團側面(切面)時，會造成烘烤時無法膨脹起來，因此僅刷塗表面，刷塗過多時會導致流動而造成烘烤不均，因此必須薄薄地刷塗。

■ 切分時留下的麵團邊緣，可以活用如第84頁的「香料脆餅」，撒放細砂糖烘烤，就能成為很簡單的小點心了。

Chausson croustillant à l'orange
柳橙脆派

酥鬆、香脆、爽口的嚼感之後，
最終結束於濃郁香滑的風味。
請親自品嚐發掘這種酥餅令人感動的滋味。

Galette Victoria

勝利國王派

恰到好處的鬆脆千層派皮當中，
加了以萊姆皮增添風味的杏仁椰香奶油餡與焦糖鳳梨片。
請趁溫熱時享用吧。

柳橙脆派
Chausson croustillant à l'orange

材料

• 千層麵團
（每1個使用麵團60g，約20個的用量。製作方法請合併參照第70頁）

■ 奶油麵團

 無鹽奶油 435g

 高筋麵粉 175g

■ 基本麵團（détrempe）

 高筋麵粉 200g

 低筋麵粉 200g

 無鹽奶油 130g

 鹽（鹽之花 fleur de sel） 20g

 礦泉水 170g

 醋 3g

• 柳橙杏仁奶油餡
（1個使用20g，約22個的用量）

 無鹽奶油 80g

 糖粉 80g

 杏仁粉 80g

 全蛋 48g

 卡士達奶油餡（請參照第34頁） 126g

 君度橙酒（Cointreau） 6g

 卡士達粉（或玉米澱粉） 7.5g

 糖漬柳橙 25g

 橙皮 3g

• 杏仁蛋白霜
（1個使用15g，約21個的用量）

 糖粉 75g

 蛋白 98g

 杏仁粉 75g

 低筋麵粉 75g

• 杏仁糖粒
（適量使用）

 杏仁果（切粒狀） 50g

 糖漿（請參照第74頁） 10g

 細砂糖 20g

 糖粉 適量

工具

 攪拌機

 刮板

 擀麵棍

 缽盆

 橡皮刮刀

 攪拌器

 尺

 毛刷

 圓形擠花嘴和擠花袋

 抹刀

 烤盤紙

 烤箱

 濾網

柳橙杏仁奶油餡

a

b

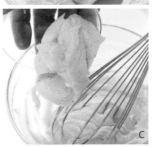
c

d

e

f

千層麵團

g

h

i

j

k

p

l

q

m

r

烘烤

n

s

o

t

作法

<千層麵團(基本麵團製作)>

1　與第70頁「千層麵團」1～20相同步驟地製作麵團備用。

<柳橙杏仁奶油餡>

1　缽盆中放入置於常溫下呈乳霜狀的奶油、糖粉、杏仁粉混合，以橡皮刮刀混拌(a)。
2　混拌至粉類消失後，加入全蛋(b)，確實混拌使其乳化。
3　加入卡士達奶油餡(c)，改以攪拌器混拌。至混拌均勻後，加入君度橙酒(d)、卡士達粉，混拌。
4　放進糖漬柳橙、橙皮(e)，用橡皮刮刀混拌(f)。
5　移至容器內，表面貼合地覆蓋上保鮮膜冷藏保存。

<千層麵團(整型)>

1　與<千層麵團>的基本麵團，以及第74頁「杏桃酥餅」的<千層麵團(整型～完成)>步驟1、2相同地擀壓成厚2mm，再切分成13 x 13cm的正方形(g)。
2　相鄰兩側邊緣以毛刷刷塗水分(用量外)(h)。
3　由冷藏取出柳橙杏仁奶油餡，以橡皮刮刀混拌至硬度均勻。填入裝有圓形擠花嘴的擠花袋內，絞擠在2上，每個約20g(i)。
4　以對角線折疊地貼合刷塗水分與沒有刷塗的邊緣，以手指按壓邊緣使其確實固定(j)。
5　翻轉4的底部朝上地排放，並放入冷藏室內冷卻。

<杏仁蛋白霜>

1　製作蛋白霜。將蛋白和糖粉混合放入攪拌機缽盆中，以攪拌機高速攪打至發泡(k)。
2　攪拌至尖角直立(l)後，加入完成過篩的杏仁粉、低筋麵粉(m)，以橡皮刮刀混合拌勻。(n、o)

<杏仁糖粒>

1　切碎的杏仁果粒上加入糖漿(p)，混合拌勻。混拌後再加入細砂糖(q)，以橡皮刮刀混合拌勻(r)。

<烘烤>

1　完成整型的千層麵團，用抹刀在表面塗抹上杏仁蛋白霜(s)，撒上杏仁糖粒(t)，排放在鋪有烤盤紙的烤盤上。為避免造成烘烤完成時無法向上膨脹，塗抹時必須注意避免塗抹到麵團的切面，以及避免塗抹過厚造成麵團變硬。
2　放入以160℃預熱的烤箱中，烘烤約30分鐘，完成烘烤後，放置於網架上使其冷卻。放涼後以濾網撒上糖粉。

勝利國王派
Galette Victoria

材料

• 千層麵團

（每1個使用麵團180g x 2，約3個的用量。製作方法請合併參照第70頁）

■ 奶油麵團

 無鹽奶油　435g

 高筋麵粉　175g

■ 基本麵團（détrempe）

 高筋麵粉　200g

 低筋麵粉　200g

 無鹽奶油　130g

 鹽（鹽之花 fleur de sel）　20g

 礦泉水　170g

 醋　3g

• 烤鳳梨（ANANAS RÔTI）

（1個使用60g）

 細砂糖　300g

 香草莢　2支

 黑胡椒粒　2/3粒

 礦泉水　500g

 生薑（新鮮）薄片狀　5片

 檸檬汁　80g

 香蕉果泥　300g

 蘭姆酒　40g

 鳳梨　1個

• 椰香萊姆皮杏仁奶油餡

（1個使用100g，約3個的用量）

 糖粉　50g

 杏仁粉　25g

 無鹽奶油　40g

 薑泥　1.5g

 萊姆皮　1.2g

 椰子粉　25g

 全蛋　30g

 卡士達奶油餡（請參照第34頁）　120g

 蘭姆酒　5g

 卡士達粉（或玉米澱粉）　5g

 糖漿（請參照第74頁）　適量

工具

 攪拌機

 刮板

 擀麵棍

 攪拌器

 鍋子

 缽盆

 方型淺盤

 烤箱

 環形模（直徑20cm）

 環形模（直徑18cm）

 圓形擠花嘴和擠花袋

 毛刷

 烤盤紙

烤鳳梨

a

b

c

d

e

f

g

h

椰香萊姆皮杏仁奶油餡

i

j

千層麵團

作法

<千層麵團(基本麵團製作)>

1　與第70頁「千層麵團」1～20相同步驟地製作麵團備用。

<烤鳳梨>

1　製作糖漿。由香草莢刮出香草籽、碾碎黑胡椒、生薑切成薄片。在鍋中放入部分細砂糖，邊以攪拌器混拌邊以小火加熱。待融化後，放入少量細砂糖。待其再次融化後，加入全部細砂糖(a)，混拌使其成為漂亮的焦糖色。待成焦糖色後，熄火，加入香草莢和黑胡椒，少量逐次加入礦泉水(b)。混合生薑片、香草籽、香蕉果泥(c)、蘭姆酒(d)，移至缽盆。

2　鳳梨去皮，縱向切成4等分，各別取出鳳梨芯(e)。

3　將鳳梨排放在略高的方型淺盤中，澆淋1的焦糖漿(f)。

4　放入以200℃預熱的烤箱中，每隔5分鐘澆淋一次焦糖漿(g)，為使能均勻地烘烤，過程中時常的翻動鳳梨，共計烘烤1小時(h)。

<椰香萊姆皮杏仁奶油餡>

1　在攪拌機缽盆中混合糖粉、杏仁粉、放置於常溫呈乳霜狀的奶油、磨成泥的萊姆皮(i)、生薑泥、椰子粉(j)。以中速攪打至均勻混拌。使用橡皮刮刀或攪拌器，用來混拌也可以。

2　待粉類完全消失後，加入全蛋，確實混合拌勻。

3　加入卡士達奶油餡混拌，再加入蘭姆酒、卡士達粉(k)，混拌至完全均勻融合。

<千層麵團(整型～完成)>

1　<千層麵團>的基本麵團，以擀麵棍擀壓成2～3mm的均勻厚度。

2　放上直徑20cm的環形模，以小刀劃切出圓形(l)。於冷藏放置5分鐘冷卻。

3　1個派餅需要用2片。其中1片的邊緣用毛刷大幅刷塗水分(用量外)。

4　由冷藏取出椰香萊姆皮杏仁奶油餡，以橡皮刮刀混拌至硬度均勻。填入裝有圓形擠花嘴的擠花袋內，在3的麵團上留下邊緣3cm左右的空間，其餘由中央朝外側地絞擠(m)。

5　烤鳳梨分切成厚5mm的片狀，擺放在4的奶油餡上(n)。

6　避免空氣進入地覆蓋上另一片麵團(o)，用手指按壓邊緣使其確實貼合。

7　套上直徑18cm的環形模，沿著用小刀劃切(p)。邊緣處用刀尖按入使其形成裝飾。表面以毛刷薄薄均勻地刷塗蛋液。放入冷藏約1小時使其冷卻。

8　再次薄且均勻地刷塗蛋液。用小刀由中央朝邊緣方向劃出曲線圖紋(q、r)。用刀尖在整體麵團上刺出孔洞，製作出氣孔。放入冷藏1小時以上。

9　放置在舖好烤盤紙的烤盤上，放入以210℃預熱的烤箱中，溫度調降至180℃，烘烤約30分鐘，改變烤盤方向，再烘烤15分鐘(已經呈現烤色時，溫度降至165℃或是在表面覆蓋上鋁箔紙等繼續烘烤)。

10　完成烘烤後，用毛刷塗抹上常溫的糖漿(s)，呈現光澤。

mémo

■　<千層麵團>基本麵團整型成圓形的方法，在第77頁「勝利國王派」千層麵團(整型～完成)的步驟1、2也有。

■　請參照第77頁「杏仁國王派」的mémo。

83

香料脆餅
Arlettes

材料

• 千層麵團

（使用麵團300g，這個分量約是20個的用量。製作方法請合併參照第70頁）

■ 奶油麵團

 無鹽奶油　435g

 高筋麵粉　175g

■ 基本麵團（détrempe）

 高筋麵粉　200g

 低筋麵粉　200g

 無鹽奶油　130g

 鹽（鹽之花 fleur de sel）　20g

 礦泉水　170g

 醋　3g

 糖粉　適量

 肉桂粉　少許

 香草粉　少許

工具

 攪拌機

 刮板

 擀麵棍

 毛刷

 烤箱

 烤盤紙

a

b

c

d

e

f

g

h

i

j

作法

＜千層麵團（基本麵團製作）＞

1. 與第70頁「千層麵團」1～20相同步驟地製作麵團備用。

2. 在糖粉中，加入少許肉桂粉、香草粉混合備用（a）。

3. 取1的基本麵團300g，將2如手粉般邊撒放邊以擀麵棍將麵團擀壓成厚度2mm以下、寬20cm的長方形（b）。

4. 在3的表面上用毛刷薄薄地刷塗水分（用量外）（c）。

5. 由麵團外側向內折入3mm左右，開始捲起（d），向內完全捲起（e）。以保鮮膜包覆放入冷凍室冷卻。

6. 待冷卻變硬後，分切成5mm厚（f）。

7. 在工作檯上充分地撒放2，再擺放6切好的麵團，以擀麵棍擀壓成薄薄的橢圓形（g），排放在鋪有烤盤紙的烤盤上（h）。也可以不用擀麵棍擀壓，而是直接切成2mm的薄片（i、j）。此時要撒上較多的肉桂砂糖。

8. 放入以170℃預熱的烤箱中，烘烤約15分鐘

mémo

■ 沒有肉桂砂糖，僅單一用糖粉或肉桂粉也可以，撒黑胡椒粉也很美味。

Arlettes
香料脆餅

融合了幾種辛香料與甜味的千層餅乾(折疊派餅)。
請於烘烤後溫熱時享用。

Pierre Hermé 皮耶・艾曼

出身於阿爾薩斯(Alsace)糕點世家第四代，14歲拜師 Gaston Lenôtre，24歲時接管了巴黎知名糕點品牌馥頌(Fauchon)的甜點廚房。不斷地挑戰創造出獨特的糕點，也有著雄心壯志想要傳授自己獨創的「Haute Patisserie 頂級糕點」。

受到廣大糕點迷讚譽、更獲得同行糕點師們的景仰，被譽為領導二十一世紀甜點界的第一把交椅。如此鬼才般表現受到全世界的認可，特別揚名於法國、日本以及美國。將「味覺的喜悅視為唯一的指南」，並以此為基石，進而構築出獨特原創『味覺、感性、喜悅的天堂』。

HOMEPAGE
http://www.pierreherme.co.jp
http://www.pierreherme.com

[東京 TOKYO]

ピエール・エルメ・パリ〔ホテル ニューオータニ〕

〒102-8578 東京都千代田区紀尾井町 4-1 ホテルニューオータニ東京 ロビィ階
Tel:03-3221-7252
Open 11:00　close 21:00

ピエール・エルメ・パリ〔青山〕

〒150-0001 東京都渋谷区神宮前 5-51-8 ラ・ポルト青山 1・2F
Tel:03-5485-7766
1F Boutique
open 11:00　close 20:00
2F Bar chocolat
open 12:00　close 20:00(L.O19:30)

ピエール・エルメ・パリ〔伊勢丹新宿〕

〒160-0022 東京都新宿区新宿 3-14-1 本館 B1F
Tel:03-3352-1111(代表)
open 10:00　close 20:00

ピエール・エルメ・パリ〔日本橋三越〕

〒103-8001 東京都中央区日本橋室町 1-4-1 本館 B1F
Tel:03-3241-3311(代表)
open 10:00　close 20:00

ピエール・エルメ・パリ〔西武渋谷〕

〒150-8330 東京都渋谷区宇田川町 21-1 A 館 B1F
Tel:03-3462-0111(代表)
open 10:00　close 21:00

ピエール・エルメ・パリ〔大丸東京〕

〒100-6701 東京都千代田区丸の内 1-9-1 大丸東京店 1F
Tel:03-3212-8011(代表)
open 10:00　close【週一〜週六】21:00【週日、假日】20:00

ピエール・エルメ・パリ〔西武池袋〕

〒171-8569 東京都豊島区南池袋 1-28-1
Tel:03-3981-0111(代表)
open 10:00　close【週一〜週六】21:00【週日、假日】20:00

ピエール・エルメ・パリ〔二子玉川 東急フードショー〕

〒158-0094 東京都世田谷区玉川 2-21-2 B1F
Tel:03-6805-7111 （代表）
open 10:00　close 21:00

[大阪 OSAKA]

ピエール・エルメ・パリ〔ジェイアール大阪三越伊勢丹〕

〒530-8558 大阪府大阪市北区梅田 3-1-3 B2F
Tel:06-6457-1111 （代表）
open10:00　close20:30

[巴黎 PARIS]

PIERRE HERMÉ PARIS Bonaparte

72,rue Bonaparte 75006 PARIS
Tel:+33(1)43 54 47 77
【週一～週五、週日】open 10:00 close 19:00　【週六】open 10:00 close 19:30

PIERRE HERMÉ PARIS Vaugirard

185, rue de Vaugirard 75015 PARIS
Tel:+33(1)47 83 89 96
【週二、週三】open 10:00 close 19:00　【週四～週六】open 10:00 close 19:30【週日】open 10:00 close 18:00　週一公休

MACARONS & CHOCOLATS PIERRE HERMÉ PARIS Cambon

4rue Cambon 75001 PARIS
【週一～週六】open 10:00 close19:00　週日公休

MACARONS & CHOCOLATS PIERRE HERMÉ PARIS Champs-Elyseés

Au Publicis drugstore 133 avenue des Champs-Elyseés 75008 PARIS
【週一～週日】open 10:30 close 22:00

MACARONS & CHOCOLATS PIERRE HERMÉ PARIS Galeries Lafayette Haussmann

Espace Souliers(B1), Espace créateurs(1F) 40, boulevard Haussmann 75009 PARIS
【週一～週五、週六】open 9:30 close 20:00　【週四】open 9:30 close 21:00
週日、假日公休

MACARONS & CHOCOLATS PIERRE HERMÉ PARIS Galeries Lafayette Maison

Rez de chaussée, 35, boulevard Haussmann 75009 PARIS
【週一～週六】open 9:30 close 20:00（週四 21：00）　週日公休

MACARONS & CHOCOLATS PIERRE HERMÉ PARIS Galeries Lafayette Haussmann II

1er étage Luxe (Coupole), 40, boulevard Haussmann 75009 PARIS
【週一～週五、週六】open 9:30 close 20:00　【週四】open 9:30 close 21:00
週日、假日公休

MACARONS & CHOCOLATS PIERRE HERMÉ PARIS Doumer

58, Avenue Paul Doumer 75016 PARIS
【週一】open 13:00 close 19:00　【週二、四】open 10:00 close 19:00
週五、週六】open 10:00 close 19:30　【週日】open 11:00 close 18:00

MACARONS & CHOCOLATS PIERRE HERMÉ PARIS Galeries Lafayette Strasbourg

Galeries Lafayette, Espace Gourmet, 34 rue du 22 Novembre 67000 Strasbourg
open 9:00 close 20:00　週日公休

MACARONS & CHOCOLATS PIERRE HERMÉ PARIS Opéra

39, Avenue de l'Opéra 75002 PARIS
【週一～週四】open 10:00 close 19:00　【週五、六】open 10:00 close 19:30
週日、假日公休

MACARONS & CHOCOLATS PIERRE HERMÉ PARIS Printemps Parly II

1er Etage Luxe - Centre Commercial - Avenue Charles - De - Gaule 78150 Le Chesnay
【週一～週五】open 10:00 close 21:00　【週六】open 10:00 close 20:00
週日公休

MACARONS & CHOCOLATS PIERRE HERMÉ PARIS Galeries Lafayette Nantes

Rez de chaussée,2 à 20 rue de la Marne 44000 NANTES
【週一～週六】open 9:30 close 20:00　週日公休

LE ROYAL MONCEAU

37,Avenue Hoche 75017 PARIS
Tel:+33(0)1 42 99 88 00

Cambon、Champs-Elyseés、Galeries Lafayette Espace Souliers、Doumer、Galeries Lafayette Strasbourg 請向 Bonaparte 洽詢。

[倫敦 LONDON]

MACARONS & CHOCOLATS PIERRE HERMÉ PARIS Selfridges

400, Oxford Street London W1A 1AB
Tel:+44(0)207 318 3908
【週一～週六】open 9:30 close 21:00　【週日】open 11:30 close 18:00

MACARONS & CHOCOLATS PIERRE HERMÉ PARIS Lowndes Street

13 Lowndes Street, Belgravia, SW1X 9EX London
Tel:+44(0)207 245 0317
【週一～週六】open 10:00 close 18:00　【週日】open 12:00 close 17:00

※營業時間與地址為 2011 年 12 月資料

攝影協助

Pierre Hermé Paris 青山

東京都渋谷区神宮前5-51-8 ラ・ポルト青山1・2F
電話03-5485-7766

Pierre Hermé日本最早的糕點店，2005年2月開幕於東京的青山。
1樓是店面，2樓的Bar Chocolat，充滿著典雅高貴的氣氛。

攝　影　根岸亮輔
潤　稿　櫻井めぐみ
設　計　吉野晶子（Fast design office）
插　畫　吉野晶子　宮本郁
Introduction conceptcopy 翻譯　小川隆久

協助（五十音順）
株式会社アルカン
池伝株式会社
株式会社イワセ・エスタ
ヴァローナ・ジャポン株式会社
サンエイト貿易株式会社
中沢乳業株式会社
株式会社ナリヅカコーポレーション
日仏商事株式会社
日本製粉株式会社
フレンチ F&B ジャパン株式会社
株式会社ミコヤ香商
株式会社めいらくコーポレーション

馬卡龍聖經 PIERRE HERME MACARON

領先英美日，繁體中文率先出版！

引頸期盼的PIERRE HERMÉ《MACARON馬卡龍聖經》

專業主廚人手一本，糕點愛好者不容錯過

詳細記錄皮耶艾曼大師從14歲學徒，至今成為馬卡龍領袖地位的歷程

大師系列
PH06

作者：Pierre Hermé 定價：NT$ 1500
尺寸：22×28 cm 264頁
硬殼精裝本橫排全彩印刷附贈精美書衣
EAN：9789869213103

本書公開皮耶艾曼大師從學徒時期習得，以蛋白與手工杏仁麵糊的傳統製法，到以法式蛋白霜、義式蛋白霜...等各種改良研發後，再創新製程的馬卡龍配方，每一道馬卡龍更寫下皮耶艾曼大師的靈感來源。2014法文版上市，繁體中文版領先英美日，率先出版！不僅專業主廚人手一本，糕點愛好者更不容錯過，收藏大師獨一無二的馬卡龍鉅作。

透過Macaron au Citron caviar魚子檸檬馬卡龍、Macaron Réglisse Violette紫羅蘭甘草馬卡龍、Macaron au Chocolat et Whisky pur malt巧克力純麥威士忌馬卡龍、結合了山葵和糖煮草莓內餡的馬卡龍...等60多道配方，皮耶•艾曼大師呈獻這本馬卡龍聖經。

------ 沿 虛 線 剪 下 ------

Pierre Herme 寫給你的維也納麵包書

請填妥以下回函，免貼郵票投郵寄回，除了讓我們更了解您的需求外，更可獲得大境文化＆出版菊文化一年一度會員獨享購書優惠！

1. 姓名：
   姓別：□男 □女 年齡：____
   連絡地址：____
   傳真：____ 電子信箱：____
   □縣市 職業：____ 教育程度：____

2. 您從何處購買此書？
   □書展 □郵購 □網路 □其他 □書店/量販店

3. 您從何處得知本書的出版？
   □書店 □報紙 □雜誌 □書訊 □電視 □廣播 □網路
   □親朋好友 □其他

4. 您購買本書的原因？（可複選）
   □對主題有興趣 □生活上的需要 □工作上的需要 □出版社 □作者
   □價格合理（如果不合理，您覺得合理價錢應該 $ ）
   □除了食譜以外，還有許多豐富有用的資訊
   □版面編排 □拍照風格 □其他

5. 您經常購買哪類主題的食譜書？（可複選）
   □中菜 □中式點心 □西點 □歐美料理（請舉例 ）
   □日本料理 □亞洲料理（請舉例 ）
   □飲料冰品 □醫療飲食（請舉例 ）
   □飲食文化 □烹飪問答集 □其他

6. 什麼是您決定是否購買食譜書的主要原因？（可複選）
   □主題 □價格 □作者 □設計編排 □其他

7. 您最喜歡的食譜書作者/老師？為什麼？

8. 您曾購買的食譜書有哪些？

9. 您希望我們未來出版何種主題的食譜書？

10. 您認為本書尚須改進之處？以及您對我們的建議？

傳真專線：(02) 2836-0028　　請放大影印後傳真

持卡人姓名：		生日：　　年　　月　　日
身分證字號：□□□□□□□□□□		性別：□男　□女
連絡電話：(日)　　　　(夜)		(手機)
e-mail：		

訂購書名	數量(本)	金額

訂書金額：NT$ 　　　仟　　　佰　　　拾　　　元整

總訂購金額：
(請用大寫)

＋郵資：NT$80 (2本以上可免)＝NT$

寄書地址：□□□

通訊地址：□□□

發卡銀行：

信用卡反面 後3碼：

信用卡號：□□□□-□□□□-□□□□-□□□□

□VISA　□Master
□聯合卡　□JCB

有效期限：　　　月　　　年

授權碼：
(免填寫)

商店代號：
(免填寫)

持卡人簽名：
(與信用卡一致)

發票抬頭：
統一編號：□□□□□□□□

發票：□二聯式　□三聯式

填單日期：　　年　　月　　日

另有劃撥帳號可訂書/19260956 大境文化事業有限公司
我們將盡速以掛號寄書，進度查詢專線：(02) 2836-0069 趙小姐

沿　虛　線　剪　下

廣　告　回　信
台灣北區郵政管理局登記證
北台字第12265號
免　貼　郵　票

台北郵政 73-196 號信箱

大境(出版菊)文化　　收

姓名：　　　　　　電話：

地址：